"十四五"职业教育国家规划教材

"十三五"职业教育国家规划教材

微课版 **Photoshop CC 项目化翻转课堂教程**

（第2版）

李淑飞　房晓东◎主　编

王超英　吴海棠　张　荣◎副主编

中国铁道出版社有限公司

CHINA RAILWAY PUBLISHING HOUSE CO., LTD.

内 容 简 介

本书是"十四五"职业教育国家规划教材，是"十三五"职业教育国家规划教材的修订版，系统介绍了 Photoshop CC 在企业项目中的实际应用。通过学习，读者可进一步掌握 Photoshop 的实用技巧与技能，特别是在企业实际项目中的应用。

本书共有六个项目，其中项目一～项目五由编者精心挑选和设计了 5 个企业项目共 20 个典型任务，涉及 Photoshop 在常见的五大领域——平面设计、网页制作、网店首页装修设计、交互界面设计和影楼后期处理中的应用。每个典型任务都详细介绍了各领域的相关行业规范、技能要点、常用技法及实现步骤，通过能力拓展，进一步提高读者的设计能力。项目六精选了近几年广东省大学生计算机设计大赛（数字媒体设计类）获奖的优秀作品，以提升平面设计的设计思维和技能。

本书内容全面新颖、图文并茂、实用性强，项目案例紧贴实际工作；聚焦职业素质培养，设计与育人相结合；岗赛融合，提高创新创意能力。本书适合作为高等职业院校相关专业教材，也可作为 Photoshop 培训教材和自学参考书。

图书在版编目（CIP）数据

Photoshop CC 项目化翻转课堂教程 / 李淑飞，房晓东主编 . —2 版 . —北京：中国铁道出版社有限公司，2022.12（2025.1 重印）

"十四五"职业教育国家规划教材
ISBN 978-7-113-28867-9

Ⅰ. ① P… Ⅱ. ①李… ②房… Ⅲ. ①图像处理软件 - 职业教育 - 教材 Ⅳ. ① TP391.413

中国版本图书馆 CIP 数据核字（2022）第 024538 号

书　　　名：	Photoshop CC 项目化翻转课堂教程
作　　　者：	李淑飞　房晓东

策　　　划：	韩从付	编辑部电话：	（010）51873090
责任编辑：	刘丽丽		
封面设计：	穆　丽		
封面制作：	刘　颖		
责任校对：	安海燕		
责任印制：	赵星辰		

出版发行：中国铁道出版社有限公司（100054，北京市西城区右安门西街 8 号）
网　　址：https://www.tdpress.com/51eds
印　　刷：北京联兴盛业印刷股份有限公司

版　　次：2018 年 8 月第 1 版　2022 年 12 月第 2 版　2025 年 1 月第 3 次印刷
开　　本：787 mm×1 092 mm　1/16　印张：15.75　字数：360 千
书　　号：ISBN 978-7-113-28867-9
定　　价：56.00 元

版权所有　侵权必究

凡购买铁道版图书，如有印制质量问题，请与本社教材图书营销部联系调换。电话：（010）63550836
打击盗版举报电话：（010）63549461

编 委 会

主　　任　吴文虎　高　林

副 主 任　徐洁磐　郑德庆　余爱民　余明辉　李　洛

委　　员　（排名不分先后）

　　　　　　林广明　范新灿　钱英军　邱炳城　邬厚民　余棉水

　　　　　　邱泽伟　柳　青　崔英敏　周洁文　关锦文　钟　辉

　　　　　　黄新梅

主　　编　胡选子　房晓东

编　　委　（排名不分先后）

　　　　　　李淑飞　曹文梁　吴海棠　王超英　张　荣　陈寿杰　欧亚洋

　　　　　　张屹峰　张金良　朱国元　刘文娜　李志军　李　滔　石晋阳

　　　　　　蔡锐彬　龙琼芳　朱　亮　韩从付　刘丽丽

前　言

　　Photoshop 是 Adobe 公司最为出名的图像处理软件之一，其功能强大，易学易用，深受广大图像处理爱好者和平面设计人员的青睐，被广泛应用于平面设计、广告摄影、影像创意、照片处理、网页和移动端界面设计、包装装潢、网店装修等诸多领域。鉴于此，我们认真总结了已有 Photoshop 教材的编写经验，深入调研了企业对 Photoshop 技能人才的需求，与企业合作共同开发了相关企业真实项目，于 2018 年编写出版了本书第一版。

　　本书第一版从实际应用出发，精选并设计了 5 个有代表性的企业项目共 20 个典型任务，涉及 Photoshop 五大领域——平面设计、网页制作、网店首页装修设计、交互界面设计和影楼后期处理的应用及相关行业规范。平面设计项目主要讲述了平面广告公司中常见的任务，如企业标志、宣传单、书籍与版面、宣传画册、品牌包装、海报招贴、VI 设计等；网页制作项目讲述网页端界面设计的制作方法；网店首页装修设计项目讲述了完整的网店装修流程，从店招的制作，到网店导航、首页欢迎模块、自定义模块及页尾的制作，学完该项目后读者即可了解整个网店装修流程和相关行业规范；交互界面设计项目主要讲述了移动端界面的设计，从图标制作到移动端界面的制作，直至电商移动界面的设计方法；影楼后期处理项目讲述了影楼中常用的照片处理技法。

　　本书第一版受到广大读者的肯定，于 2020 年入选"十三五"职业教育国家规划教材。本次修订保留了第一版原有的体例架构及鲜明特色，坚持以美育人，积极弘扬中华美育精神，传承中华优秀传统文化，提升审美和人文素养，遵守行业设计规范，培养正确的价值观和人生观。在第一版基础上，本书为每个项目增加了素质目标和职业素养聚焦，并增加了项目六——平面设计大赛，让学生了解平面设计类竞赛要求和流程，把握竞赛主题，通过环保类、中华优秀传统文化类两个真实竞赛案例，启迪学生的创新创意思维，提升设计和审美能力，增强环保意识，厚植爱国主义情怀，真正以赛促学，学以致用。

本书配置了与项目相关的微课视频，学生可通过在课前学习工作页扫描二维码观看微课视频，掌握完成本项目所需要的技巧和技能操作要点，完成相关课前作业；课堂上引导学生完成企业真实项目，并给出部分任务的实现步骤和效果；"能力拓展"模块让学生课外完成项目中的其他任务，进一步提升设计能力。每个项目的最后让学生进行效果展示并完成项目评估表，实现自评、互评和教师评价，从而实现翻转课堂的教学。

本书由东莞职业技术学院李淑飞、房晓东任主编，王超英、吴海棠、张荣任副主编。其中，李淑飞编写了项目四和项目五，房晓东编写了项目三，王超英编写了项目二、项目一的任务四、项目六的任务一，吴海棠编写了项目一的任务一～任务三、项目六的任务二，张荣编写了项目一的任务五～任务七、项目六的任务三。全书由李淑飞、房晓东修订、统稿和定稿。在编写过程中得到了东莞市酷吧网络技术有限公司、东莞奇风网络科技有限公司、东莞市百达连新电子商务有限公司、鲸鱼公园照相馆等的鼎力支持，这些企业给我们提供了大量的企业真实项目；袁亮经理、欧亚洋总监、刘庆文设计师等提供了帮助；同时，也得到了同事们的大力支持，在此一并表示衷心的感谢。

鉴于编者水平有限，书中难免存在疏漏和不足之处，恳请读者批评指正。

编　者

2023 年 6 月

目　录

项目一　平面设计 1

项目导读 1
岗位面向 1
项目目标 1
项目任务及效果 2
任务一　制作企业标志 3
任务二　制作宣传单 11
任务三　设计书籍与版面 16
任务四　设计宣传画册 25
任务五　设计美典镜片包装盒 34
任务六　设计五一促销海报 41
任务七　设计 VI 手册 49
职业素养聚焦 63
项目展示与评价 63
项目总结 64

项目二　网页制作 65

项目导读 65
岗位面向 65
项目目标 65
项目任务及效果 66
任务一　制作菱峰冷却塔首页 67
任务二　制作微播通页面 76
职业素养聚焦 81
项目展示与评价 82
项目总结 82

项目三　网店首页装修设计 83

项目导读 83
岗位面向 83
项目目标 83
项目任务及效果 84
任务一　制作店标 85
任务二　制作店招和导航 91
任务三　制作首页欢迎模块 97

I

任务四　制作自定义模块 ……………………………………………… 106
　　任务五　制作页尾 …………………………………………………… 116
　　职业素养聚焦 ………………………………………………………… 121
　　项目展示与评价 ……………………………………………………… 121
　　项目总结 ……………………………………………………………… 122

项目四　交互界面设计 123

　　项目导读 ……………………………………………………………… 123
　　岗位面向 ……………………………………………………………… 123
　　项目目标 ……………………………………………………………… 123
　　项目任务及效果 ……………………………………………………… 124
　　任务一　制作图标 …………………………………………………… 124
　　任务二　制作移动界面 ……………………………………………… 133
　　任务三　制作电商移动端界面 ……………………………………… 149
　　职业素养聚焦 ………………………………………………………… 163
　　项目展示与评价 ……………………………………………………… 164
　　项目总结 ……………………………………………………………… 164

项目五　影楼后期处理 167

　　项目导读 ……………………………………………………………… 167
　　岗位面向 ……………………………………………………………… 167
　　项目目标 ……………………………………………………………… 167
　　项目任务及效果 ……………………………………………………… 168
　　任务一　制作个人写真照 …………………………………………… 168
　　任务二　制作浪漫婚纱照 …………………………………………… 179
　　任务三　制作证件照 ………………………………………………… 191
　　职业素养聚焦 ………………………………………………………… 207
　　项目展示与评价 ……………………………………………………… 207
　　项目总结 ……………………………………………………………… 208

项目六　平面设计大赛 209

　　项目导读 ……………………………………………………………… 209
　　竞赛面向 ……………………………………………………………… 209
　　项目目标 ……………………………………………………………… 209
　　项目任务及效果 ……………………………………………………… 210
　　任务一　解读平面设计大赛 ………………………………………… 211
　　任务二　制作环保类海报 …………………………………………… 222
　　任务三　制作中华优秀传统文化类海报 …………………………… 232
　　职业素养聚焦 ………………………………………………………… 240
　　项目展示与评价 ……………………………………………………… 241
　　项目总结 ……………………………………………………………… 242

项目一

平面设计

项目导读

平面设计也称视觉传达设计,通常指在二维空间内的静态视觉设计,是以"视觉"作为沟通和表现的方式,通过多种方式创造并结合符号、图片和文字,借此来传达想法或传递信息的视觉表现。标志设计、宣传单设计、书籍装帧设计、画册设计、品牌包装、海报设计、企业视觉识别系统设计等都是平面设计的范畴。

本项目中的部分案例来源于美典科技有限公司的实际商业案例。通过企业实际案例,分别介绍标志的设计手法和设计流程、宣传单的尺寸设置和设计方法、书籍装帧的基本知识和书籍封面设计、书籍内页设计、宣传画册的设计与排版、品牌设计、海报制作、VI(Visual Identity,视觉识别系统)手册的制作。本项目的内容和案例贴近工作,考查学生对 Photoshop 各个工具的综合应用。

岗位面向

本项目面向平面设计师岗位。平面设计师的主要岗位职责包括品牌宣传海报及广告的设计与制作、产品包装设计、产品图册设计、宣传册设计等。学生通过在课前学习工作页观看微视频,能掌握平面设计师岗位必备的基本技能操作要点。学生完成本项目的学习后,能掌握平面设计师岗位的设计规范、设计流程、设计方法等,能完成项目的总体规划、前期调研、项目设计与实施,能胜任平面设计师岗位。

项目目标

知识目标	技能目标
◇ 掌握标志设计 ◇ 掌握宣传单的制作 ◇ 掌握书籍装帧的设计 ◇ 掌握画册的排版设计 ◇ 掌握包装设计 ◇ 掌握海报设计 ◇ 掌握 VI 设计	◇ 利用钢笔工具和形状工具绘制标志 ◇ 利用文字工具进行图文排版 ◇ 利用蒙版合成图像 ◇ 熟练掌握 Photoshop 各类工具的综合应用
职业素养	素质目标
◇ 自主学习能力 ◇ 团队协作能力 ◇ 良好的审美能力	◇ 强调通过正当渠道获取设计素材,培养设计诚信 ◇ 培养正确的价值观,引导设计方向 ◇ 提升设计创新的核心能力,引导设计创新 ◇ 遵守行业规范,合理表达设计意图

项目任务及效果

任务一 制作企业标志

任务二 制作宣传单

任务三 设计书籍与版面

任务四 设计宣传画册

任务五 设计美典镜片包装盒

任务六 设计五一促销海报

任务七 设计VI手册

项目一 平面设计

任务一 制作企业标志

 课前学习工作页

（1）扫一扫二维码观看相关视频

制作企业标志规范

（2）完成下列操作

① 从网上收集优秀的标志设计，分析标志的含义和艺术表现手法。

② 从收集的标志中选择一个标志，利用 Photoshop 软件将其绘制出来。

课堂学习任务

创奇平面设计公司承接了美典眼镜科技有限公司平面设计任务。本次任务主要由小赵和他的团队负责。经项目组讨论，小赵负责完成美典眼镜科技有限公司的 Logo 制作。

美典眼镜科技有限公司是一家以网络平台销售眼镜的公司，客户要求 Logo 简洁，以蓝色为主色调，体现"美好世界，典雅生活，美典镜片"理念，小赵最终设计的 Logo 效果如图 1-1 所示。

图 1-1 Logo 效果图

3

学习目标与重难点

学习目标	学习标志设计的方法和流程
学习重点和难点	钢笔工具、形状工具、选择工具的使用（重点）
	标志的设计规范（重点）
	标志的设计手法（难点）

任务分析

本任务中，企业名称为"美典眼镜科技有限公司"，主营各大品牌的眼镜产品，Logo 提取公司名"美典"作为设计元素，以字体形式设计 Logo 是很多大型企业首选的方式。由于经营眼镜产品，眼镜的形状为圆形，所以在 Logo 中结合了圆形元素，并且在 Logo 的边缘采用圆形像素强化视觉元素。本任务主要利用钢笔工具、形状工具、自由变形工具、复制功能等完成标志的绘制。

相关行业规范与技能要点

1. 标志的定义和分类

标志（Logo，又称标识）是生活中人们用来表明某一事物特征的记号，根据其应用的不同范围，发挥的功能也各不相同，具体可划分为徽标（见图1-2）、商标（见图1-3）和公共标志（见图1-4）三大类。

图1-2　徽标　　　　　　图1-3　商标　　　　　　图1-4　公共标志

徽标是包括身份和社会组织、文化、团体、会议、活动等的标志，如国徽、校徽、军徽、团体徽章等。商标是企业为了区别商品的不同制造商，同类产品的不同类型、牌号，为了某种商务贸易、商业、交通、服务等行业活动而制作的标志。商标是一种法律术语，享受法律保护，企业的商标目前在世界上大多数国家都可以注册，它与企业、产品的命运相连，同时经受时间的考验。公共标志指用于公共场所、交通、建筑、环境中的指示系统符号或在国际范围内通用的特定形象，是能被大多数人识别和理解的符号图形，具有跨语言、跨地区、跨国界的实用性。

2. 商标的标记

商标的标记有两种形式：一种是在商标上标注®，是"注册"的英文"Register"的缩写，代表"注册商标"，意思是该商标已在国家商标局进行注册申请并已经商标局审查通过，成为注册商标，如图1-5所示；另一种是加上TM，是商标符号的意思，表示此商标不一定注册，如图1-6所示。没有注册的商标不允许加上®，但是有权标记®的标志可以标记也可以不标记，企业可根据商标情况自行决定是否标记。

图1-5　带®的商标标志　　　　　　　图1-6　带TM的商标标志

3. 标志的组成

根据标志的基本组成因素，标志可分为文字标志（见图1-7）、图形标志（见图1-8）、文字与图形复合构成的标志（见图1-9）。文字标志有直接用中文、外文或汉语拼音的单词构成的，有用汉语拼音或外文单词的字首进行组合的。图形标志通过几何图案或象形图案表示标志，可分为三种，即具象图形标志、抽象图形标志与具象、抽象相结合的标志。图文组合标志集中了文字标志和图形标志的长处，克服了两者的不足。

图1-7　文字标志　　　图1-8　图形标志　　　图1-9　文字与图形复合构成的标志

4. 标志的设计手法

（1）纯字体设计手法

纯文字设计手法是以客户公司名字为Logo设计原型，通过对字体的设计，达到客户对标志的诉求，是将文字的情感与企业的个性相结合，属难度较低且保守的方案，如图1-10所示。

图1-10　纯字体设计

（2）字母设计法

字母设计法是以客户公司名字中的某个字母进行处理，通常对首字母进行设计，或者以缩写字母为原型，如图1-11所示。单个字母变形更显得简洁，方便记忆和辨认。

（3）正负图形设计手法

正负空间是标志设计常用的设计手法，将提炼的元素进行正负图形创意结合（一般情况由两个关键元素相结合或一个元素与品牌名相结合，如图1-12所示）。有效地运用正负空间会让作品显得巧妙。正负空间的设计需要独特的构思和创意。

图1-11　字母设计

图1-12　正负图形设计

（4）借用设计法

借用设计法是将标志的某一部分借外部的形态表现自身的形态，也可能具有共用性的特征，以达到一语双关的效果，如图1-13所示。

（5）立体与装饰设计法

立体与装饰设计，是一种以平面表达立体空间效果的方式，使图形呈现不同角度的空间感，达到一种幻视的体现，如图1-14所示。根据不同的视角和观念，我们会发现有些立体性标志会表现出双关型的反转效果，设计师可将某种不可能存在的空间表现于平面中，这种不可能实现的空间称为"矛盾空间"，是当下标志设计常用的一种表现手法。

图1-13　借用设计

图1-14　立体与装饰设计

（6）重叠的设计手法

重叠的设计手法是利用各种造型通过透叠、重叠、减缺、覆盖等方式组合起来，让标志设计构图单元层次化、立体化、空间化，如图1-15所示。

图 1-15　重叠的设计手法

（7）反复的设计手法

反复的设计手法是将相同或相似的形态元素重复出现，如图 1-16 所示。反复是一种最为常见的自然规律之一，人类生活作息、生态能源的循环运动以及自然万物的生长都体现出反复这一自然规律。

图 1-16　反复的设计手法

5. **商业标志的设计流程**

（1）调研分析

商标、标志设计不仅仅是一个图形或文字的组合，它是依据企业的构成结构、行业类别、经营理念，并充分考虑标志接触的对象和应用环境，为企业制定的标准视觉符号。在设计之前，首先要对企业做全面深入的了解，包括经营战略、市场分析以及企业最高领导人员的基本意愿，这些都是标志设计开发的重要依据。对竞争对手的了解也是重要的步骤，标志设计的重要作用即识别性，就是建立在对竞争环境的充分掌握上。

（2）要素挖掘

要素挖掘是为设计开发工作做进一步的准备。依据对调查结果的分析，提炼出标志的结构类型、色彩取向，列出标志所要体现的精神和特点，挖掘相关的图形元素，找出标志设计的方向，使设计工作有的放矢，而不是对文字图形的无目的组合。

（3）草图绘制

设计师通常使用画笔勾勒出设计草图，此阶段无须使用计算机软件。设计师一般在实际工作中会制作 2～3 个设计稿供客户选择。

（4）设计初稿

根据草图的形状在计算机软件中把标志的形状绘制出来。可多做几个设计稿进行对比，反复推敲。

（5）定稿

在基本确定设计方案后，进行细节修改，在设计软件中，通过使用圆、直线、弧线等工具把基本形状勾画出来，规范设计方案。

6. 标志的设计规范

（1）标准制图和尺规作图

应用标准制图或尺规作图进行标志的规范设计，可以帮助人们在设计过程中对细节的把控，让标志看起来更精致美观、更规范。

标准制图也称网格制图，是用来规范标志大小、最小使用尺寸、不可侵犯范围、位置、间距、比例、标志与企业名称之间的关系、后期使用规范等。标志在应用中严格遵守标准，标准制图如图1-17所示。

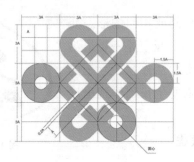

图 1-17 标准制图

尺规作图是利用几何图形（圆、椭圆、圆弧、直线、三角形等）辅助完成标志设计，如图1-18所示。不是所有的标志都适合用尺规作图，比如一些造型较为随意的标志，通常选择使用标准制图的方式来规范。由于尺规作图比较复杂，所以在客户未定稿之前一般不进行尺规作图，如果客户需要反复修改，原先的尺规就无效了。

图 1-18 尺规作图

（2）标志的不可侵犯范围

标志的不可侵犯范围是指在标志四周固定范围内设置一定的隔离区域，如图1-19所示。此隔离区域内不可放置其他设计要素和文字。标志的不可侵犯空间对标志独立性起保护作用。

图 1-19　标志不可侵犯范围

（3）标志的墨稿和反白稿

标志设计除了常规的设计稿外，还需要设计墨稿和反白稿，应用于不同的场合、媒体或满足不同的工艺。

标志的墨稿又称黑白稿，是用点线面等平面元素把原来的标志平面化，并去掉色彩，只保留黑白色。墨稿一般应用于注册商标、单色印刷的报纸、产品的说明书，或者一些烫金、烫银、镂空等工艺效果的产品。

每个标志都必须设计一个反白稿，以适用于所有使用背景为黑色或背景颜色与标志颜色相同的场合。许多情况下，反白稿是标志的倒置版本，即完全相同的设计，把标志的颜色改为白色，如图 1-20 所示。

图 1-20　反白稿

（4）标志的辅助图形

辅助图形有时也称辅助图案或装饰花边，是 VI 设计中不可缺少的一部分，它可以增加标志等 VI 设计中其他要素在实际应用中的应用面，尤其在传播媒介中可以丰富整体内容，强化企业形象，如图 1-21 所示。

图 1-21　联通的标志和辅助图形

任务实施

01 企业品牌定位、业务内容等调研分析。本阶段设计师要和企业深入沟通，了解企业文化和客户的需求。

02 草图设计。根据企业的定位、业务内容分析，提取元素为中文字"美典"、圆形像素点，并根据这些元素进行草图设计。

03 绘制图形。运行 Photoshop CC，打开草图文件，根据草图的造型，使用钢笔工具进行绘制，效果如图 1-22 所示。

04 尺规作图，规范标志。选择椭圆工具，绘制不同半径的圆形作为参照标准，规范标志各部分曲线的曲度。选择白箭头，重新调整 Logo 的造型，效果如图 1-23 所示。

图 1-22　美典 Logo 绘制效果　　　　图 1-23　尺规作图调整图标效果

05 绘制圆形像素点。选择椭圆工具，绘制一个小圆形，颜色为 #005cde，按【Ctrl+Alt+T】组合键进行自由变换，再按【Alt】键，把圆心拖到画布正中心，效果如图 1-24 所示。

图 1-24　绘制小圆形

保持当前状态，在状态栏上把"角度"改为"5°"，按【Enter】键，然后按【Ctrl+Shift+T】组合键进行旋转复制，重复复制圆形，效果如图 1-25 所示。

为了让重复的圆形有层次变化，每隔 8 个圆，更改一个圆的颜色为 #85caff，最后把这些圆的图层合并为一个图层，效果如图 1-26 所示。

图 1-25　重复复制圆形　　　　　图 1-26　局部更改圆形的颜色

根据画面需要复制圆点,并在右下角添加文字,隐藏辅助线,效果如图 1-27 所示。

图 1-27　最终效果

能力拓展

请发挥想象力,设计一套公共厕所的男女标识指示牌。

任务二　制作宣传单

课前学习工作页

(1)扫一扫二维码观看相关视频

制作宣传单排版技巧

(2)完成下列操作

① 设计一张带出血位的大度 16 开宣传单页。

② 设计一张带出血位的大度 16 开宣传三折页。

 课堂学习任务

为了扩大新公司的影响力，由创奇平面设计公司的小张负责美典眼镜科技有限公司的宣传折页设计。小张经过充分调研及与客户的沟通，设计了一系列宣传折页，如图 1-28 所示。通过三折页效果图的制作引导读者熟悉宣传单的制作方法，包括尺寸的设置、出血位的设置、宣传单的排版等。

图 1-28　三折页效果图

学习目标与重难点

学习目标	掌握 Photoshop 中文字工具的应用、Photoshop 图文排版的技法、宣传单的制作方法
学习重点和难点	宣传单的尺寸和出血设置（重点）
	宣传单的排版（难点）

任务分析

宣传单在设计前先要确定好大小以及折叠的方法，然后进行内容的编排设计。由于宣传单是印刷品，设计时应该事前留出每边 3 mm 的出血位，并注意分辨率不能低于 300 dpi，画面布局上应该以信息的清晰传递为主要目标，画面规整。本任务主要利用文字工具、选框工具、形状工具、剪贴蒙版、参考线等完成宣传折页的绘制。

相关行业规范与技能要点

1. 宣传单的类型

宣传单的类型大致可分为单片式宣传单、书刊式宣传单、手风琴式宣传单、插袋式宣传单。单片式宣传单是一种简易的印刷宣传品，尺寸以 32 开或 16 开为主，是较为经济实惠的短期性广告宣传。书刊式宣传单也称宣传册，通常以多页的形式装订成册，配上精美产品图片，并对产品内容进行详细介绍。手风琴式宣传单通常也称宣传折页，根据不同要求，有两折页、三折页、四折页等。

2. 宣传单的尺寸和分辨率设置

为了最大限度地降低纸张浪费，印刷品在设计尺寸时，会参照纸张的开数大小，在纸张开数大小范围内进行尺寸的设计。例如，宣传单页的尺寸大多采用大度 16 开的尺寸，即 210 mm × 285 mm。如果设计师希望设计特殊尺寸的宣传单，可以在 210 mm × 285 mm 范围内进行变化，如设计为 210 mm × 260 mm。如果设计师设计的尺寸超过大度 16 开的尺寸，譬如 210 mm × 300 mm，那么印刷时只能选择更大的纸张，这样会造成纸张浪费，提升经济成本。纸张的开数及对应的尺寸参考任务三。

印刷品的分辨率最低是 300 dpi，才能确保印刷质量。一些高要求的印刷品，如一些带有宝石、钟表等配图的高端画册，分辨率要设置到 600 dpi 才可以展示图片的效果、质感。

3. 宣传折页的折叠方式

宣传折页是指将印刷好的单页宣传单，按照页码的顺序折叠成一定规格幅面的工作过程。宣传折页的折叠方式大致分为 8 种，分别为风琴折、普通折、特殊折、对门折、地图折、平行折、海报折、卷轴折。

4. 宣传单的出血设置

印刷品在输出印刷时都需要设置出血位（除非是白底的印刷品可以不设置出血位），以防止裁切出现误差。宣传单的出血位为每边加 3 mm。如果印刷成品的尺寸为大度 16 开（210 mm × 285 mm），设计时需要四边各出血 3 mm，即设计稿尺寸为 216 mm × 291 mm。

任务实施

01 设置尺寸和参考线。运行 Photoshop CC 软件，新建画布，设置画布大小为 426 mm × 291 mm，分辨率为 300 dpi。打开标尺（快捷组合键【Ctrl+R】），右击标尺，通过弹出的快捷菜单把标尺的尺寸单位改为毫米（mm），选择"视图"→"新建参考线"命令，在水平 0 mm、3 mm、288 mm、291 mm，垂直 0 mm、3 mm、423 mm、426 mm 处各新建一条参考线，目的是把四边 3 mm 的出血位留出来。再选择"视图"→"新建参考线"命令，在水平 142 mm 处、284 mm 处新建参考线，把三折页的三个部分区分出来，如图 1-29 所示。

02 背景和第一折页的制作。选择吸管工具，吸取 Logo 的色值（#003291），选择油漆桶工具，把背景填充为 Logo 的颜色。第一折页是宣传折页的封面，可以把公司名称、公司 Logo 等信息放进去，画面应精美简洁。把"美典"的文件导入，放入第一个折页里面，调整好位置，并把广告语和其他公司信息放入画面的合适位置，效果如图 1-30 所示。

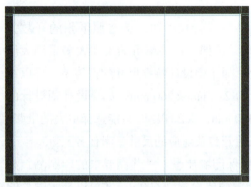
图 1-29　创建参考线

图 1-30　第一折页设计

03 绘制第二折的内容。第二折页是宣传折页的封底，封面和封底的版式尽量区分出来，做到主次分明。可以把公司二维码、广告语、公司信息等要素放进去，效果如图 1-31 所示。

04 绘制第三折的内容。

（1）第三折会折进内页，所以可把宣传的内容放进来。新建图层，选择矩形选框工具，在第三折的左侧绘制一个矩形选框，填充任意颜色，效果图 1-32 所示。

图 1-31　第二折页设计

图 1-32　绘制矩形框

（2）导入"眼镜"图片，其生成的图层放置到矩形图层的上方，按住【Alt】键，将光标放置在两个图层中间并单击，把图片置入到矩形框中，形成剪贴蒙版，调整好"眼镜"图片的大小和位置，效果如图 1-33 所示。

（3）选择文字工具，在矩形框右侧输入文字素材，文字左对齐，效果如图 1-34 所示。

项目一　平面设计

图 1-33　把图片置入矩形框

图 1-34　添加文字

05 制作翻页效果。新建图层，选择矩形选框工具，在每一个折页的边上绘制矩形选框，填充黑色到透明的渐变，效果如图 1-35 所示。翻页效果是为了给客户看效果图，实际印刷时应当删除翻页效果。

图 1-35　制作翻页效果

能力拓展

请根据案例中设计好的宣传折页正面，为其设计内页。可参考图 1-36 所示的内页效果图。

图 1-36　宣传折页内页效果

15

任务三　设计书籍与版面

 课前学习工作页

（1）扫一扫二维码观看相关视频

设计书籍与版面规范

（2）完成下列操作

① 设计一张大度 16 开的封面。

② 设计一张有版心的内页。

 课堂学习任务

创奇平面设计公司安排小王为美典眼镜科技有限公司的产品设计一本产品宣传册，用来介绍企业文化、品牌型号、产品详细说明等内容。小王根据企业的定位、产品的特征设计了书籍的封面，效果如图 1-37 所示。

图 1-37　书籍封面效果图

学习目标与重难点

学习目标	利用 Photoshop 中的绘图工具、剪贴蒙版工具等合成图像。利用封面的排版原理设计书籍的封面
学习重点和难点	Photoshop 文字工具的使用（重点）
	Photoshop 各工具的综合应用（重点）
	封面的设计手法（难点）
	书籍的排版（难点）

任务分析

美典眼镜科技有限公司是一家以网络平台销售眼镜的公司，公司的 Logo 为蓝色。蓝色也是公司的标准色，所以封面设计以蓝色调为主。由于眼镜的造型是圆形，所以 Logo 和封面均采用圆形图案作为元素，这也是为了企业视觉识别系统的统一性。封面底色采用白色，能更有效地突出封面的主体内容。封底采用蓝色，延续企业标准色。本任务主要利用形状工具、剪贴蒙版、文字工具、吸管工具等，考查对 Photoshop 软件的综合应用和画面组织、设计能力。

相关行业规范与技能要点

1. 书籍各部分名称介绍

书籍装帧设计的任务是使一本书从内容到形式能够完美和谐。书籍装帧需要设计开本、封面、护封、书脊、版式、环衬、扉页、插图、插页、封底、版权页、书函、装订方法、使用材料等。图 1-38 和图 1-39 所示为书籍各部分名称介绍及结构示意图。

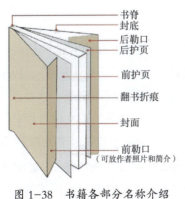 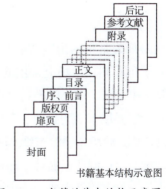

图 1-38　书籍各部分名称介绍　　　　图 1-39　书籍的基本结构示意图

2. 纸张的开数

一张全张纸称全开，目前广泛使用的印刷用纸有大度和正度两种，大度全开纸尺寸为 889 mm×1 194 mm、正度 787 mm×1 092 mm。将全张纸对折称为 2 开（对开）；

2开（对开）纸再对折为4开，再依次对折分别称为8开、16开、32开，依此类推。纸张开数如图1-40所示。

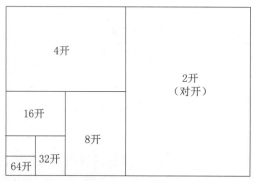

图1-40　纸张的开数

各纸张开数对应的成品尺寸见表1-1。

表1-1　纸张开数对应的成品尺寸

开　数	正度纸张成品尺寸/mm	大度纸张成品尺寸/mm
全开	787×1 092	889×1 194
2开（对开）	543×781	594×883
4开	390×543	441×594
8开	271×390	297×441
16开	195×271	220×297
32开	135×195	148×220
64开	97×135	110×148

3. 纸张的类型

书籍是最为常见的出版印刷品，不同风格、不同档次和内容的印刷品，对印刷纸张的要求也不同。市场上常用的书籍装帧设计的纸张有胶版印刷纸、胶版印刷涂布纸、胶印书刊纸、中小学教科书用纸、新闻纸、单面胶版印刷纸、字典纸。其中，胶版印刷纸主要用于书刊封面、高档图书、期刊、一般画册的正文以及中档商标、宣传资料的印刷；胶版印刷涂布纸又称铜版纸，主要用于画册设计、美术印刷品、挂历、细网点印刷品、精制印刷品等的印刷；胶印书刊纸主要用于一般图书、期刊的正文印刷；中小学教科书用纸主要用于中小学教科书的印刷；字典纸主要用于字典、词典、百科全书等辞书，科技资料，袖珍手册以及其他工具书的印刷。

4. 书籍的装订方式

一本书的生产包括印刷和装订两部分，根据出品的书籍品质分为精装书和平装书。一般精装书所用的纸张会好些，如纸张较厚、高档，而且封装内有线，一般采用柔背装、硬背装、腔背装，印刷过程中，精装书对色差、套印、脏点把控较严格，如图 1-41 所示。平装书一般采用无线胶订、平订、骑马订、锁线胶订等装订方式，印刷要求较精装书要求低，如图 1-42 所示。

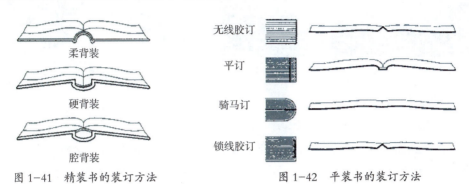

图 1-41　精装书的装订方法　　　　图 1-42　平装书的装订方法

5. 书籍封面的设计

书的封面就如店铺的门面，直接影响读者的第一印象。书籍装帧中，封面的设计非常重要。较为流行的封面版式归纳起来有以下几种：采用出血图片作为封面（见图 1-43），采用重复图案作为封面（见图 1-44），采用创意图形作为封面（见图 1-45），以及封面的几何造型构图法（矩形版式、圆形版式、C 型版式、V 型版式、S 型版式、网格分割版式），如图 1-46～图 1-51 所示。

  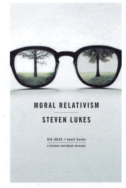

图 1-43　采用出血图片作为封面　　图 1-44　采用重复图案作为封面　　图 1-45　采用创意图形作为封面

图 1-46　矩形版式　　　　图 1-47　圆形版式　　　　图 1-48　C 型版式

图1-49　V型版式　　　　　图1-50　S型版式　　　　　图1-51　网格分割版式

6. 书籍排版

（1）版心

版心是页面中主要内容所在的区域，即每页版面正中的位置，又称节口。书籍装帧的版面设计分为有版心设计、无版心设计（出血设计）、有版心与无版心结合设计，如图1-52～图1-54所示。版心的大小可以根据书籍的内容、风格不同自行设置。有版心设计由四边余白与版心组成，文字、插图、页码、页眉等要素均受版心的约束。无版心设计即出血设计，也称满版设计，四周不留余白。有版心与无版心结合设计即版面一部分采用版心约束，一部分做出血设计。

图1-52　有版心设计　　　　　　　　图1-53　无版心设计

图1-54　有版心和无版心结合设计

（2）扉页

扉页是指在书籍封面或衬页之后、正文之前的一页，一般印有书名、作者（及译者）姓名、出版社和出版的年月等信息。

（3）网格设计

网格设计是目前最为常见的书籍排版方式，可使版面显得规整有序。网格设计的方法有分栏、分栏分块、重叠网格、打破网格。分栏一般可分为单栏（适合纯文字书籍）、双栏对称网格（添加注释的书籍正文可以根据内容调整双栏的宽度）和多栏。网格设计实例如图 1-55～图 1-58 所示。

图 1-55　双栏对称网格　　　　　　　　　图 1-56　多栏

图 1-57　分栏分块设计　　　　　　　　　图 1-58　打破网格

（4）图片的排版

书籍中的图片在排版前都应该先进行前期处理和裁切。如果整张图片作为一个页面，称为出血版，如图 1-59 所示；图片以方形形式出现，称为角版，是最常见的一种图片排版方式，如图 1-60 所示；把图片中最精彩的部分抠选出来，去掉背景的排版方式称为挖版，如图 1-61 所示。

图1-59 出血版　　　　　图1-60 角版　　　　　图1-61 挖版

任务实施

01 书封的尺寸设置。正度16开的尺寸为195 mm×271 mm，暂定书脊的尺寸为5 mm，出血位每边各留3 mm，封面、封底、书脊、出血位相加得到的尺寸为(195×2+3×2+5)×(271+3×2)=401×277。因此，新建画布尺寸为401 mm×277 mm，分辨率为300 dpi的画布，如图1-62所示，并分别拉出封面、封底、书脊、出血位的参考线。选择矩形工具，绘制封底大小的矩形，颜色设置为Logo的颜色（#003291）。选择矩形工具，绘制封面大小的矩形，设置颜色为白色，如图1-63所示。

图1-62 画布大小设置　　　　　图1-63 绘制矩形

02 制作封面效果。选择椭圆工具，在"封面底色"图层上方绘制圆形，调整好圆形的位置，把圆形左边部分被"封底底色"图层遮挡，只露出一部分。导入图片"封面素材"并放置到图层"椭圆1"上方，光标放置在"封面素材"图层和"椭圆1"图层中间，按住【Alt】键的同时单击，把图片置入椭圆中，形成剪贴蒙版，效果如图1-64所示。

图 1-64　制作封面效果

03 绘制封面辅助图形。选择椭圆工具，在封面右上角和下方分别绘制 3 个椭圆形，并把 3 个椭圆形的透明度都调至 30%，效果如图 1-65 所示。

图 1-65　绘制封面辅助图形

04 添加书名。导入素材"美典 Logo1"，放入画面中心靠右的位置，图层的混合模式改为"正片叠底"，滤除图片中的白底。选择文字工具，在画面中心靠下位置输入书籍的名字、公司名称等文字信息，如图 1-66 所示。

图 1-66　添加书名等信息

05 绘制封底。导入素材"美典Logo",使用矩形选框工具框选封底,选择移动工具,在工具栏中单击"水平居中对齐"和"垂直居中对齐"按钮(见图1-67),把Logo放置在封底的正中间,效果如图1-68所示。

图1-67 居中对齐　　　　　图1-68 绘制封底

06 导入图片"二维码",按【Ctrl+T】组合键自由变换图形,调整大小,并放置到封底左下角。选择文字工具,添加公司地址等信息。最终效果如图1-69所示。

图1-69 最终效果图

能力拓展

为美典眼镜营销系统省级代理招商计划设计内页内容,可参考图1-70所示。

图1-70 书籍内页

任务四　设计宣传画册

课前学习工作页

（1）扫一扫二维码观看相关视频

设计宣传画册过程

（2）完成下列操作

从网上收集不同类型的画册，尝试分析各类画册的特点。选择收集的某种画册，分别从它的素材选择、配色方案、字体选择、版式布局等方面分析该画册的设计特点。

课堂学习任务

为了拓展美典眼镜科技有限公司的招商业务，创奇平面设计公司小赵负责美典眼镜科技有限公司的招商画册制作，本画册从公司行业现状进行分析，介绍其基本功能、特色功能、线下沙龙等综合服务体系，全面展示企业理念及业务。

学习目标与重难点

学习目标	利用图层样式、剪贴蒙版等布局招商画册
学习重点和难点	画册中各个对象的整齐排版（重点）
	画册的布局排版（难点）

任务分析

美典眼镜科技有限公司的 Logo 为蓝色，为了保持企业视觉识别系统的统一性，画册采用浅蓝和深蓝搭配浅蓝作为背景色，深蓝进行主体内容部分介绍，会显得醒目、突出。本任务主要利用图层样式、剪贴蒙版等完成美典眼镜科技有限公司的画册制作。

相关行业规范与技能要点

1. **画册的分类**

画册的分类很多，按分类的粗细不同，可能有上百种不同的画册类型。下面按行业角度整理出 5 种画册类型。

（1）企业画册

企业画册是一种从企业自身的性质、文化、理念、地域等方面出发来体现企业精神的宣传画册，如图1-71所示。

图1-71　企业画册

（2）产品画册

产品画册是从产品本身的特点出发，分析产品要表现的属性，运用恰当的表现形式来创意体现产品本身的特点，增加消费者对产品的了解和喜好，进而增加产品的销售，如图1-72所示。

图1-72　产品画册

（3）宣传画册

宣传画册根据用途不同，会采用相应的表现形式达到宣传的目的，主要有展会宣传、终端宣传、新闻发布会宣传、新年庆典活动宣传等，如图1-73所示。

（4）行业画册

行业画册是根据不同类型的行业决定的，有医院、学校、公司、行业团体等，如图1-74所示。例如，房产画册是根据房地产的楼盘销售情况做相应设计，如开盘、形象宣传、楼盘特点等。此类画册设计要求体现时尚、前卫、和谐、人文环境等。

图1-73　宣传画册

图1-74　行业画册

（5）招商画册

招商画册设计主要体现招商的概念，展示自身的优势吸引投资者的兴趣，如图1-75所示。

图1-75　招商画册

2. 画册的工艺选择

（1）常规尺寸

最常用的画册印刷尺寸是 A4 大小，即 210 mm×285 mm；如果想做轻便的画册，印刷尺寸可以为 A5 大小，即 210 mm×140 mm；比 A4 省钱的画册印刷尺寸为 B4 大小，即 260 mm×185 mm；既轻便又省钱的画册印刷尺寸为 B5 大小，这是比 B4 小一半，比 A5 小一圈的画册尺寸；比较高档大气的画册印刷尺寸一般用 250 mm×250 mm 或 285 mm×285 mm。根据具体行业不同，表现也略有不同。设计时，在画册成品尺寸以外，还要留出血，一般每个边留 3 mm 即能满足裁切需求。

（2）常用纸张

画册的封面一般使用 200 g 或 250 g 的铜版纸，而画册的内页一般使用 157 g 的铜版纸。

（3）装订方法

常用的装订方法有骑马订、锁线胶订、平订、无线胶订，但是画册印刷中最常用的装订方法是骑马订和锁线胶订。

① 骑马订：是指把印好的书页连同封面，在折页的中间用铁丝订牢的方法，适用于页数不多的杂志和小册子，是书籍订合中最简单方便的一种形式，如图 1-76 所示。优点：简便，加工速度快，订合处不占有效版面空间，书页翻开时能摊平。缺点：书籍牢固度较低，不能订合页数较多的书，书页必须配对成双数才行。

图 1-76　骑马订

② 锁线胶订：是把经过折页、配贴成册后的书心，按前后顺序，用线紧密地将各书帖串起来然后再包以封面，如图 1-77 所示。优点：既牢固又易摊平，适用于较厚的书籍或精装书。与平订相比，书的外形无订迹，且书页无论多少都能在翻开时摊平，是理想的装订形式。缺点：成本偏高，且书页也须成双数才能对折订线。

图 1-77　锁线胶订

③ 平订：是把印好的书页经折页、配贴成册后，在订口一边用铁丝订牢，再包上封面的装订方法，适用于一般书籍的装订，如图 1-78 所示。优点：方法简单，双数和单数的书页都可以订。缺点：书页翻开时不能摊平，阅读不方便，其次是钉眼要占用 5 mm 左右的有效版面空间，降低了版面率。平订不宜用于厚本书籍，而且铁丝容易生锈折断，不仅影响美观，还会导致书页脱落。

图 1-78 平订

④ 无线胶订：是指不用纤维线或铁丝订合书页，而用胶水料黏合，如图 1-79 所示。优点：方法简单，书页也能摊平，外观坚挺，翻阅方便，成本较低。缺点：牢固度稍差，时间长了，乳胶会老化从而引起书页散落。

图 1-79 无线胶订

3. 画册的设计原则

（1）有效地传达信息是根本

例如，在制作服装画册时，高明的模特会利用身体语言尽量表现设计师的出彩设计，却不会掩盖服饰本身的特点和风采，否则很容易将读者的注意力吸引到模特的身材上，而忘却了服装才是真正的主角。有效地传达信息才是专业精神的体现。

（2）设计要紧紧锁定画册的目的

画册设计的最主要的目的是实现对外宣传，拓展市场。因此，不管你的创意是什么，都要注意读者的导向，要知道读者的、观众的心态，引起他们的注意和共鸣。切忌为了美观而美观，为了有创意而去创意。要先理解和揣摩目标（消费者）的心理，再围绕画册的主题去创意，这样才能引起共鸣，达到设计目的。

（3）要抓住重点

宣传画册是使用有限的文字和页面进行一个完整的展示。因此，制作人员要习惯用抓重点的思考方式。抓住重点去展示企业或个人的风貌、理念，宣传产品、品牌形象。

（4）要能将创意文字化和视觉化

创意需要良好的表达才能体现出创意的价值，所以在文字和视觉上要符合创意的表述，才能体现出创意的价值。

（5）要符合逻辑

基本逻辑在画册中会增加画册的说服性和连贯性，是画册表达的基础。在画册设计时将提炼的优秀元素和创意点安排在符合逻辑的主线上，才能达到画册的效果。

（6）要简约、大气

首先，"简约"不能单纯地理解为"简单"，应该是整本画册内容的高度浓缩，具体展现在设计表现手法、色彩的控制、构图、画册印刷材料、印刷工艺的选择等多个方面。"大气"在于设计元素的搭配、图文排列版式、配色方案等，这些都是需要设计师精工细作的。再者就是画册的选纸和工艺搭配，不仅能够提升画册档次，还能达到眼前一亮的效果。

4. 宣传画册印刷文件的注意事项

① 色彩模式切记勿用 RGB 模式，需要设置成 CMYK 模式。

② 画册分辨率满足 300～350 dpi 的制作精度，确保图片印刷的清晰度。

③ 文件需要设置好出血位。一般出血位为向外扩大 3 mm，以保证成品裁切时不会出现白边现象。

④ 四色黑的文字要转换成单色黑（C:0,M:0,Y:0,K:100），因为四色黑易造成套印误差。

⑤ 文字在交付出菲林时一定要转曲线，以保证内容不会出现字体的改变。

⑥ 画册中的线条不可太细，以 0.08 mm 为界限，否则影响印刷。

任务实施

 新建 4 961×3 366 像素、分辨率为 300 像素/英寸、CMYK 颜色模式、背景色为白色的 psd 文件。新建 83 像素、3 283 像素的水平参考线和 83 像素、4 878 像素的垂直参考线，留出画册内页四周的空白区域。继续新建 218 像素、1 208 像素、1 868 像素的水平参考线，新建 174 像素和 4 787 像素的垂直参考线。使用钢笔工具绘制颜色为 #87c4e3 的形状图层，如图 1-80 所示。打开"素材"文件夹中的"tu1.jpg"文件并拖至文件中形状图层的上层，按住【Alt】键的同时在两层中间单击，设置剪贴蒙版。调整"图层 1"的层模式为"叠加"，不透明度为 50%。

图 1-80　效果图和"图层"面板

02 新建 354 像素的水平参考线和 350 像素的垂直参考线，使用钢笔工具绘制颜色为 #003290 的形状图层，然后输入蓝色文字，如图 1-81 所示。

图 1-81　输入文字

03 打开"素材"文件夹中的"computer1-bg.png"文件并将其拖至文件中，放置在最上层并更改图层名称为"computer1-bg"，打开"computer1.jpg"文件并将其拖至"图层 2"图层的上方，更改图层名称为"computer1"。使用矩形工具绘制矩形并拖动至"computer1-bg"图层的下方，如图 1-82 左图所示。为该形状图层添加"渐变叠加"图层样式，并设置其从白色至 #e3e3e3 的线性渐变。继续绘制水平方向比"矩形 1"图层稍微大点的矩形，颜色为 #64abe2，拖动该图层至"computer1"图层的下方，并设置该图层的层模式为"叠加"，不透明度为 50%。在"computer1"图层上方新建"光效"图层，使用多边形套索工具绘制三角形选区；选择渐变工具，调整白色到透明的线性渐变，在三角形选区拖动绘制渐变，调整该图层的透明度为 40%，效果如图 1-82 右图所示。

图 1-82　导入素材并绘制渐变

04 按照制作左侧的图 1-82 右图所示效果的方法制作图 1-83 所示的图形。

05 新建 350 像素的水平参考线和 2 658 像素的垂直参考线，使用椭圆工具新建宽度为 146 像素、颜色为 #003290 的正圆形的形状图层。打开"素材"文件夹中的"icon1.png"文件，并将其拖动至该正圆形的上方，命名为"icon1"，最后输入文字。选择"椭圆 1"图层、"icon1"图层和文字图层，按【Ctrl+G】组合键组合成图层组并命名为"客户"。同理，制作其他图标文字效果，效果如图 1-84 所示。

图 1-83　绘制电脑效果

图 1-84　添加后的效果

06 在右上角绘制蓝色矩形和白色线条，然后输入文字，注意要对齐参考线，效果如图 1-85 所示。同样的方法制作左上方和左下、右下方的文字效果，最终效果如 1-86 所示。

项目一 平面设计

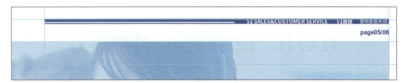

图1-85 在右上角绘制形状并输入文字

图1-86 最终效果

能力拓展

根据图1-87提供的参考图，重新设计企业简介的画册展示页面。

图1-87 画册展示页面

任务五　设计美典镜片包装盒

 课前学习工作页

（1）扫一扫二维码观看相关视频

包装盒的设计技巧

包装设计的定位及手法

（2）完成下列操作

自由寻找素材，制作饮料包装。

 课堂学习任务

创奇平面设计公司的小王负责美典眼镜科技有限公司的包装设计任务，主要负责镜片的包装盒设计。小王结合客户的后期风格要求及镜片的大小，完成的镜片包装盒效果图如图1-88所示。

图1-88　镜片包装盒效果图

学习目标与重难点

学习目标	学习包装设计的方法和技巧
学习重点和难点	常用绘图工具：钢笔工具、矩形选框、参考线、油漆桶、文字工具等（重点）
	包装的分类（重点）
	包装设计的方法与技巧（难点）

任务分析

美典眼镜有限公司是一家主要经营眼镜的公司。该公司希望通过眼镜包装盒的设计传达出企业简洁、大方、追求自然的风格。本任务主要利用参考线定位，钢笔工具绘制包装盒型，然后用油漆桶工具为包装盒上色，将美典眼镜标志的辅助图形置入包装背景设计中，使得整个包装背景层次更加丰富。最后，使用椭圆工具绘制装饰图形，使用文字工具添加广告语。

相关行业规范与技能要点

1. 包装的分类

由于包装种类繁多，选用分类标志不同，分类方法也多种多样。根据选用的分类标志，常见商品包装分类方法有以下几种：

（1）按包装在流通中的作用分类

以包装在商品流通中的作用分类，可分为运输包装和销售包装。

① 运输包装：是用于安全运输、保护商品的较大单元的包装形式，又称外包装或大包装。例如，纸箱、木箱、桶、集合包装、托盘包装等。运输包装一般体积较大，外形尺寸标准化程度高，坚固耐用，广泛采用集合包装，表面印有明显的识别标志，主要功能是保护商品，方便运输、装卸和储存。

② 销售包装：是指一个商品为一个销售单元的包装形式，或若干个单体商品组成一个小的整体的包装，也称个包装或小包装。销售包装的特点一般是包装件小，对包装的技术要求美观、安全、卫生、新颖、易于携带，印刷装潢要求较高。销售包装一般随商品销售给顾客，起直接保护商品、宣传和促进商品销售的作用。同时，也起着保护优质名牌商品以防假冒的作用。

（2）按包装材料分类

以包装材料进行分类，一般可分为纸板、木材、金属、塑料、玻璃和陶瓷、纤维织品、复合材料等包装。

① 纸制包装：是以纸与纸板为原料制成的包装，包括纸箱、瓦楞纸箱、纸盒、纸袋、纸管、纸桶等。在现代商品包装中，纸制包装仍占有很重要的地位。从环境保护和资源回收利用的观点来看，纸制包装有广阔的发展前景。

② 木制包装：是以木材、木材制品和人造板材（如胶合板、纤维板等）制成的包装，

主要有木箱、木桶、胶合板箱、纤维板箱和桶、木制托盘等。

③ 金属包装：是指以黑铁皮、白铁皮、马口铁、铝箔、铝合金等制成的各种包装，主要有金属桶、金属盒、马口铁及铝罐头盒、油罐、钢瓶等。

④ 塑料包装：是指以人工合成树脂为主要原料的高分子材料制成的包装。主要的塑料包装材料有聚乙烯（PE）、聚氯乙烯（PVC）、聚丙烯（PP）、聚苯乙烯（PS）、聚酯（PET）等。塑料包装主要有全塑箱、钙塑箱、塑料桶、塑料盒、塑料瓶、塑料袋、塑料编织袋等。从环境保护的观点来看，应注意塑料薄膜袋、泡沫塑料盒造成的白色污染问题。

⑤ 玻璃和陶瓷包装：是指以硅酸盐材料玻璃与陶瓷制成的包装，主要有玻璃瓶、玻璃罐、陶瓷罐、陶瓷瓶、陶瓷坛、陶瓷缸等。

⑥ 纤维制品包装：是指以棉、麻、丝、毛等天然纤维和以人造纤维、合成纤维的织品制成的包装，主要有麻袋、布袋、编织袋等。

⑦ 复合材料包装：是指以两种或两种以上材料粘合制成的包装，也称复合包装，主要有纸与塑料、塑料与铝箔和纸、塑料与铝箔、塑料与木材、塑料与玻璃等材料制成的包装。

（3）商品包装按销售市场分类

商品包装可按销售市场不同而区分为内销商品包装和出口商品包装。

内销商品包装和出口商品包装所起的作用基本是相同的，但因国内外物流环境和销售市场不同，它们之间会存在差别。内销商品包装必须与国内物流环境和国内销售市场相适应，要符合我国的国情。出口商品包装则必须与国外物流环境和国外销售市场相适应，满足出口所在国的不同要求。

（4）商品包装按商品种类分类

商品包装可按商品种类不同而区分成建材商品包装、农牧水产品商品包装、食品和饮料商品包装、轻工日用品商品包装、纺织品和服装商品包装、化工商品包装、医药商品包装、机电商品包装、电子商品包装等。

各类商品的价值高低、用途特点、保护要求都不相同，它们所需要的运输包装和销售包装都会有明显的差异。

2. 包装设计的流程

例如在广告公司，平面设计师主要完成客户前期准备、客户沟通、设计定位、确定方案、包装设计与印刷等工作任务，具体工作流程如图 1-89 所示。

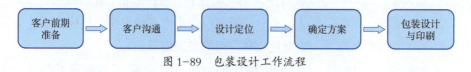

图 1-89　包装设计工作流程

① 客户前期准备：收集整理企业的资料，如企业的性质、企业文化、企业背景、经营理念和产品信息等。

② 客户沟通：与客户进行充分沟通，待充分了解企业信息后，确定设计费用、设计风格以及设计周期等，同时签订合作协议。

③ 设计定位：根据分析结果，选择不同的表现形式设计不同的方案供客户选择。客户根据提供的方案提出修改意见，使设计方案更适合企业使用，设计人员根据客户提出的意见对方案进行修改。

④ 确定方案：设计方案确定之后，交给客户并签字，然后出片打样，客户支付设计余款。

⑤ 包装设计与印刷：双方签订协议后可进行印刷制作。

3. 包装设计的原则

① 包装设计的首要任务是保护商品。

② 包装设计上的字体设计应反映商品的特点、性质、独有特性，并具备良好的识别性和审美功能；文字的编排与包装的整体设计风格应和谐。

③ 品牌名字通常安排在包装的主要展示面上，一般采用装饰性强、突出醒目的字体，以增强视觉冲击力。

④ 包装上的资料、说明文字类属于法令定性文字，应采用统一、规范的印刷字体。多分布在包装的背面或侧面。字体应清晰明了，使消费者产生信赖感。

⑤ 广告文字类是用作宣传商品内容或特点的推销性文字，一般采用灵活多样的字体，如广告体、综艺体、手写体等。

⑥ 包装设计上的色彩是影响视觉最活跃的因素，因此包装色彩设计很重要，在设计时根据不同的产品特色，选择合适的颜色，突出产品特性。

⑦ 包装设计的色彩要进行调和统一，使画面达到和谐而丰富的色彩效果。

⑧ 包装设计上的图形要能反映产品特性，能够让消费者马上想起或识别。

⑨ 包装设计要有提高商品整体形象的功能，能够刺激消费者的购买欲望，使其产生购买行为，同时还起宣传作用。

⑩ 包装设计材料要素是包装设计的重要环节，它直接关系到包装的整体功能和经济成本、生产加工方式及包装废弃物的回收处理等多方面的问题，所以尽量选用环保材料。

⑪ 现代包装设计尽量选择轻量化设计，避免太重，携带不方便。

⑫ 包装材料要根据不同的产品、不同的消费群体选择不同的材料，同时要考虑包装成品、回收利用功能。

任务实施

01 包装盒平面展开图设计。新建一个 38 cm×28 cm 大小的文档，颜色模式默认 RGB，分辨率为 300 dpi，然后使用钢笔工具将眼镜包装盒平面展开图的结构勾勒出来，并描边，其效果图如图 1-90 所示。

02 包装盒上色。使用选择工具选中包装盒的各结构部分，运用油漆桶工具填充上适当的颜色。包装盒颜色值为 #0038ad，效果图如图 1-91 所示。

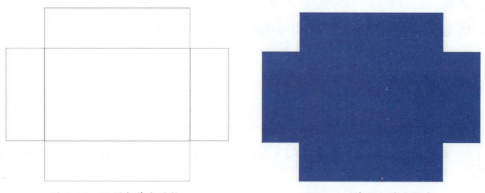

图 1-90　绘制包装盒结构　　　　　图 1-91　填充包装盒颜色

03 制作包装盒背景。打开文件"美典 Logo"，将其置入包装设计中，并将该辅助图案的图层透明度设置为 33%，效果如图 1-92 所示。

04 继续制作包装盒背景。选择矩形选框工具，绘制一个和包装盒正面结构部分一样大小的矩形，填充颜色（#2251b3），并将该图层不透明度调为 45%，如图 1-93 所示。

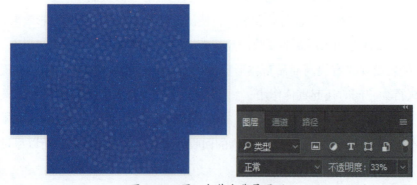

图 1-92　置入包装盒背景图形

05 绘制包装盒元素。选择椭圆工具，在包装盒正面结构右上方绘制一个大圆，并填充蓝色（#1f72c8）。选择矩形选框工具，将包装正面结构部分多余的圆选中并删除。

打开文件眼镜"素材1",将素材导入到画面中,放置在圆中间,使用矩形选框工具将椭圆多余部分的图像选中并删除,效果图如图1-94所示。

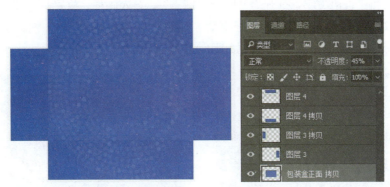

图1-93 绘制矩形

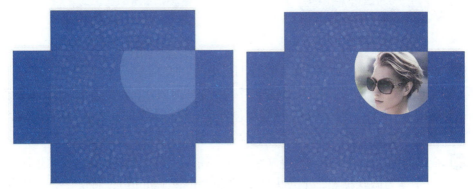

图1-94 绘制包装盒元素

06 丰富包装盒设计元素。选择椭圆工具,在包装盒正面结构右上方绘制大小不一的圆,并填充颜色,颜色值为柠檬黄(#e5f622)、中黄(#ffa800)、青(#9ad7d1)、灰蓝(#9ad7d1),绘制完成之后,选择文字工具,输入文字"New",字体为微软雅黑,字号为25,颜色为白色(#ffffff),效果如图1-95所示。

图1-95 丰富包装盒设计元素

07 添加标志。打开"标志文件",将标志文件导入画面,放置在包装盒正面左上角,如图 1-96 所示。

08 添加广告语文字。打开"美典英文标志",导入画面,放置在包装盒正面右下角。选择文字工具,输入文字"美好生活·典雅生活·美典镜片",字体为微软雅黑、字号为 18,颜色为白色(#ffffff),如图 1-97 所示。

图 1-96　添加标志

图 1-97　添加广告语

09 继续添加包装盒文字信息。选择图层中的"MEDIAN"和"美好生活·典雅生活·美典镜片"两个图层并复制,调整文字位置,分别放置在包装盒左侧面、右侧面。打开"美典标志"文件,导入画面,放置在包装盒左侧的文字信息旁边,然后将该"美典标志"图层再复制一份,放置在右侧包装盒文字信息旁边,如图 1-98 所示。

10 继续添加广告语文字。选择文字工具,输入文字"美好生活·典雅生活·美典镜片",字体为微软雅黑、字号为 32,颜色为白色(#ffffff),将文字分别放在包装上侧面、下侧面,如图 1-99 所示。

图 1-98　继续添加文字信息

图 1-99　最终效果图

能力拓展

为某食品公司设计的包装盒,设计效果可参考图 1-100 所示的效果图,也可自由创意设计。

项目一　平面设计

图 1-100　食品包装效果图

任务六　设计五一促销海报

课前学习工作页

（1）扫一扫二维码观看相关视频

公益海报设计过程

设计表现形式及具体实例运用

海报设计创意方法

海报设计构图方法

（2）完成下列操作

自由寻找素材，完成薯条食品海报设计。

课堂学习任务

五一将至，美典眼镜科技有限公司委托创奇平面设计公司设计五一放价的系列

41

海报进行促销。本次海报仍然由小赵所带的项目组来完成，如图 1-101 所示。

图 1-101　五一促销海报

学习目标与重难点

学习目标	学习海报设计的流程和方法
学习重点和难点	常用绘图工具：矩形选框、钢笔工具、渐变填充工具等（重点）
	海报设计的流程（重点）
	海报设计的方法及技巧（难点）

任务分析

本次海报是针对美典眼镜有限公司五一促销活动而设计的。由于美典眼镜有限公司希望促销海报能体现清新、亮丽、简洁明了的风格，所以小赵在设计海报时选用绿色作为主色调，采用块状分割形式，加上丰富的素材及文字效果，使整张海报效果突出。本任务主要利用矩形选框、钢笔工具绘制海报图形，用参考线对海报画面进行定位，用油漆桶工具、渐变填充工具为各图形进行填充，用文字工具为海报添加文字，利用图层样式为文字添加阴影等效果。

相关行业规范与技能要点

1. 海报的尺寸

海报的尺寸主要根据用途而定，常分为以下几种：

（1）一般海报尺寸（普通海报尺寸）

① 42 cm×57 cm（宽×高），大度四开。

② 57 cm×84 cm（宽×高），大度对开。

（2）宣传海报尺寸、商用海报尺寸

① 50 cm×70 cm（宽×高）。

② 57 cm×84 cm（宽×高），大度对开。

（3）标准尺寸

① 13 cm×18 cm。

② 19 cm×25 cm。

③ 42 cm×57 cm。

④ 50 cm×70 cm。

⑤ 60 cm×90 cm。

⑥ 70 cm×100 cm。

（4）电影海报尺寸

① 50 cm×70 cm（宽×高）。

② 57 cm×84 cm（宽×高），大度对开。

③ 78 cm×100 cm（宽×高），大度对开。

（5）招聘海报

90 cm×120 cm（宽×高）。

（6）印刷海报尺寸

① 全开，781 mm×1 086 mm。

② 2开，530 mm×760 mm。

③ 3开，362 mm×781 mm。

④ 4开，390 mm×543 mm。

⑤ 6开，362 mm×390 mm。

⑥ 8开，271 mm×390 mm。

⑦ 16开，195 cm×271 cm。

2. 海报的分类

海报按其应用不同大致可分为商业海报、文化海报、电影海报和公益海报等。

① 商业海报是指宣传商品或商业服务的商业广告性海报。商业海报的设计，要恰当地配合产品的格调和受众对象。

② 文化海报是指各种社会文娱活动及各类展览的宣传海报。展览的种类很多，

不同的展览都有它各自的特点，设计师需要了解展览和活动的内容才能运用恰当的方法表现其内容和风格。

③ 电影海报是海报的分支，主要起到吸引观众注意、刺激电影票房收入的作用，与戏剧海报、文化海报等有几分类似。

④ 公益海报带有一定的思想性，具有特定的对公众的教育意义，其海报主题包括各种社会公益、道德的宣传，或政治思想的宣传，弘扬爱心奉献、共同进步的精神等。

3. 海报设计工作流程

（1）市场调研

调查是了解事物的过程，设计海报之前，设计者需要对企业进行全面的了解。市场调查内容主要包括：企业市场环境、品牌受众、产品特性、同类产品优缺点等。

（2）寻找素材、构思草图

开始设计之前，寻找合适的素材也是非常关键的一个步骤。素材的搜集可以通过网络，也可自己拍摄制作。找到合适的素材之后，设计人员就可以构思草图，将草图方案绘制出来，并尽可能多出几套方案供客户备选。

（3）确定方案、设计海报、修改海报

草图确定之后，设计人员要根据客户要求设计不同风格、不同表现形式的设计方案供客户选择，客户提出修改意见后，设计人员再根据客户提出的意见对方案进行修改。

（4）确定设计方案最终版，打印小样，印刷海报

设计方案最终版确定之后，设计人员就可以将小样打印出来，提供给客户，确认签字，然后将海报印刷出来。

4. 海报设计的原则

① 海报创意方面要新颖别致。

② 海报主题要明确，抓住主要诉求点。

③ 海报主体要突出，有层次感，同时主题的口号要简短易记。

④ 针对性强，如年轻人大多会喜欢活泼类型的，而老年人则偏向于沉稳类型的。

⑤ 版式上不要过于杂乱，要整体美观，内容不可过多，一般以图片为主，文案为辅，主体字体要醒目。

⑥ 海报设计色彩要进行调和统一，使画面达到和谐而丰富的色彩效果。

⑦ 在海报设计中，要善于运用肌理效果，使画面呈现不一样的效果。

任务实施

01 背景色制作。新建一个全开（787 mm×1 092 mm）的文档，颜色模式默认RGB，分辨率为300 dpi，新建一个图层，填充绿色（#32b26c）。

02 海报底层背景制作。选择矩形选框工具，绘制一个矩形，填充灰色（#cacaca），

继续绘制一个矩形，填充白色，如图 1-102 所示。

03 装饰海报背景。打开文件"花 1""花 2""花 3""花 4"，将"花 1"放置在海报的左上角；将"花 2"放置在海报左侧中间，并调整图层位置；将"花 3"放置在海报左下角；将"花 4"放置在海报右下角，如图 1-103 所示。

图 1-102　绘制矩形

图 1-103　导入图片

04 设置参考线。选择"视图"→"新建参考线"命令，将浅灰色的矩形分为 4 行 2 列，并将参考线显示出来，便于后面制作，如图 1-104 所示。

05 海报图片排版。打开文件眼镜"素材 1"，导入画面中，根据参考线的位置，将"眼镜素材 1"放置在浅灰色色块左上角，如图 1-105 所示。

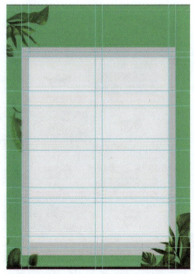

图 1-104　设置参考线图

图 1-105　导入图片

06 继续海报图片排版。依次打开文件眼镜"素材 2""素材 3""素材 4""素材 5""素材 6""素材 7""素材 8",导入画面中,根据参考线的位置,将这些素材分别放置在浅灰色色块合适的位置上,如图 1-106 所示。

07 制作矩形框。选择矩形选框工具,绘制一个矩形,填充黄色(#ff9126),并复制多个,分别放在眼镜素材下方,如图 1-107 所示。

图 1-106　海报图文排版

图 1-107　绘制矩形框

08 继续添加文字素材。按照上述方法导入文字素材,如图 1-108 所示。

09 文字按钮的制作。选择圆角矩形工具,绘制一个矩形,填充白色,并在白色矩形上方添加文字"立即抢购",字体为微软雅黑,字号为 36,颜色值为 #cc6602。复制多个文字按钮,分别放在眼镜素材下方,如图 1-109 所示。

图 1-108　导入文字素材

图 1-109　添加文字按钮信息

10 添加文字信息。选择文字工具，输入文字"帕莎太阳镜，半价限量抢"，字体为微软雅黑，字号为 56，颜色为黄色（#ff9126）。继续输入多个符号"。"，填充省略号符号颜色为黄色（#ff9126），并复制一份放置在文字右边，如图 1-110 所示。

图 1-110　添加文字信息

11 海报素材装饰。打开素材"美女"，将这张素材放置在海报上半部分，效果图如图 1-111 所示。然后，继续打开素材"高光 1"，将素材"高光 1"放置在素材"美女"图片中第一个人头部上方。接着打开素材"高光 2"，将"高光 2"图层复制一个，分别放置在素材"美女"图片中第二、三个人头部上方，让其产生光照的效果，效果图如图 1-111 所示。

12 海报飘带制作。选择钢笔工具，绘制一条飘带，并填充白色（#ffffff），绘制完飘带后，将飘带放置在素材"美女"左侧，然后选择该图层复制一个，将飘带放置在素材"美女"右侧，效果图如图 1-112 所示。

图 1-111　导入高光素材

图 1-112　海报飘带制作

13 广告语制作。选择文字工具，输入文字"品牌大促销"，字体为微软雅黑，字号为 94，颜色为白色，将文字放置在海报右上方，如图 1-113 所示。

14 继续广告语制作。选择文字工具，输入文字"五一放价"，使用钢笔工具按照字体设计的形状勾勒出来,进行连笔设计,并填充黄色渐变色,颜色值为 #ff6e02、#ffff00、#ff6d00,如图1-114所示。

图1-113 输入文字

图1-114 连笔设计

15 广告语阴影效果制作。在"图层样式"对话框中进行"投影"设置,距离为25,扩展为8,大小为103,效果如图1-115所示。

16 添加标志及企业名称。打开素材"美典标志",放置在海报左上角。选择矩形选框工具,绘制一个矩形,填充不透明渐变色,颜色为 #7da9e8、#32b26c、#eaff00。选择文字工具,输入文字"美典眼镜有限公司",字体为微软雅黑,字号为40,颜色为白色(#ffffff),最后为企业名称加上阴影。在"图层样式"对话框中进行"投影"设置,距离为16,扩展为14,大小为13,效果如图1-116所示。

图1-115 阴影效果

图1-116 添加标志及企业名称

最终效果如图1-101所示。

能力拓展

图1-117为东莞职业技术学院第二届动漫文化节的海报,请为学院第三届动漫文化节设计一张海报。

图 1-117 第二届动漫文化节宣传海报

任务七　设计 VI 手册

课前学习工作页

（1）扫一扫二维码观看相关视频

VI Logo 设计原则

VI 设计规范

VI 手册的实施及注意事项

VI 手册功能及作用介绍

（2）完成下列操作

① 运用绘图工具、油漆桶工具等设计一张名片。

② 运用钢笔工具、多边形工具、渐变工具等绘制一个杯垫。

> 课堂学习任务

创奇平面设计公司承接了朝曦声传电子商务有限公司的 VI 手册设计任务，由小凡负责。小凡详细了解朝曦声传电子商务有限公司的现状及需求，并和公司相关人员进行了沟通分析，明确了服务流程，并进行了项目签约。根据与客户商量的风格效果，设计了 VI 手册中的标志效果图，如图 1-118 所示。

图 1-118　标志效果图

学习目标与重难点

学习目标	运用绘图工具、上色工具设计不同风格的 VI 手册
学习重点和难点	VI 手册的制作流程（重点）
	根据规范设计不同企业、不同风格的 VI 手册（难点）

任务分析

朝曦声传电子商务有限公司是一家新型电子商务公司，该公司希望通过 VI 手册传达给消费者的感觉是朝气蓬勃、迅速安全。小凡根据客户要求，在设计标志时将不规则的花形与鼠标的形状结合起来，用油漆桶工具为标志填充丰富的颜色，使整个标志新颖突出。然后，利用参考线、钢笔工具、自由变化工具、油漆桶工具、矩形选框工具、文字工具等结合 VI 模板，设计了该公司的 VI 手册基础系统目录、应用系统目录、基础系统内容、应用系统内容、封面、封底等。

相关行业规范与技能要点

VI 是 CIS（Corporate Identity System，企业形象识别系统）中最具传播力和感染力的部分，是企业形象设计的整合。通过具体的符号将企业理念、文化素质、企业规范等抽象概念进行充分的表达，以标准化、系统化、统一化的方式塑造良好的企业形象，传播企业文化。

1. VI 手册内容

一套完整的 VI 手册包括基础系统和应用系统。

基础系统包括：企业标志、企业标准字体、企业标准色、企业辅助造型、企业辅助图形、企业专用印刷字体设定、基本要素组合规范。

应用系统包括：印刷品、企业外部建筑环境、办公用品、交通工具、服装服饰、企业内部建筑环境、产品包装、广告媒体、陈列展示、公务礼品等。

- 印刷品：企业简介、商品说明书、产品简介、年历等。
- 企业外部建筑环境：建筑造型、公司旗帜、企业门面、企业招牌、公共标识牌、路标指示牌、广告塔、霓虹灯广告、庭院美化等。
- 办公用品：信封、信纸、便笺、名片、徽章、工作证、请柬、文件夹、介绍信、账票、备忘录、资料袋、公文表格等。
- 交通工具：轿车、面包车、大巴士、货车、工具车、油罐车、轮船、飞机等。
- 服装服饰：经理制服、管理人员制服、员工制服、礼仪制服、文化衫、领带、工作帽、纽扣、肩章、胸卡等。
- 企业内部建筑环境：企业内部各部门标识牌、常用标识牌、楼层标识牌、企业形象牌、旗帜、广告牌、POP广告、货架标牌等。
- 产品包装：纸盒包装、纸袋包装、木箱包装、玻璃容器包装、塑料袋包装、金属包装、陶瓷包装、包装纸。
- 广告媒体：电视广告、杂志广告、报纸广告、网络广告、路牌广告、招贴广告等。
- 陈列展示：橱窗展示、展览展示、货架商品展示、陈列商品展示等。
- 公务礼品：T恤衫、领带、领带夹、打火机、钥匙牌、雨伞、纪念章、礼品袋等。

2. VI手册尺寸

（1）VI手册常见开本尺寸

对开：763 mm × 520 mm　　　4开：520 mm × 368 mm

8开：368 mm × 260 mm　　　16开：260 mm × 184 mm

32开：184 mm × 130 mm

（2）开本尺寸（大度）

对开：570 mm × 840 mm　　　4开：420 mm × 570 mm

8开：285 mm × 420 mm　　　16开：210 mm × 285 mm

32开：203 mm × 140 mm

（3）名片常用规格

① 直角名片 90 mm × 55 mm，设计时四边各放 2 mm。

② 圆角名片 86 mm × 54 mm，设计时四边各放 2 mm。

3. VI手册设计流程

在设计公司，VI手册设计的具体流程图如图1-119所示。

图 1-119　VI 设计工作流程

(1) 初期接触

设计者与客户在初期接触阶段。设计者要了解甲方品牌现状及需求、双方沟通工作内容、明确服务流程并组建工作团队。

(2) VI 标志设计

标志设计的好坏直接影响整个 VI 设计的整体效果。所以，在前期，设计者先按照客户要求，将 VI 标志设计出来。如果客户不满意，设计者继续修改，直到客户满意，并让客户签字确认。

(3) VI 基础系统设计

标志方案确定好之后，设计人员就可以设计标志组合、辅助图形、辅助色等基础部分。在这期间客户如有修改意见，设计人员将按照要求进行修改，直到客户满意。

(4) VI 应用系统设计

设计人员把 VI 设计基本系统设计完成之后，可以跟客户沟通，根据每个企业的要求、每种行业的特征设计相对应的应用系统。

(5) VI 手册印刷

VI 手册印刷完成，交给客户。

4. VI 手册设计原则

VI 手册的设计与开发是一个非常艰辛的过程，一是要通过视觉的形态语言能够准确地体现企业精神特质，保持企业形象的统一性、系统性、规范性、预想性，进行有效的传播；另一方面是设计者对于各构成项目视觉美感要素的整体把握，因此，整个视觉识别设计应遵循：

(1) 标准化原则

将企业的基本视觉要素进行有效的控制，制定明确的规范形式。例如，详细的使用说明、注意事项、尺寸规定及组合适用的媒体范围，力求系统的标准化。

(2) 统一化原则

在进行基础视觉要素和应用要素设计规划时应注意统一性的原则。尤其进行应用设计时除对企业固有媒体（企业所拥有的各种信息传达媒体，像办公用品、招牌、旗帜、服装、交通工具等）和非固有媒体（企业为促销商品而进行宣传的传播媒介，如产品造型与包装设计、陈列与展示应用设计、促销宣传用品、广告应用设计等）进行设计外，还应对未来可能使用的媒体进行预想性设计，力求统一化。如果在使用中发现事先设计的规范有不够全面或不适用，也要按照设计的宗旨，进行补充修正，使应用项目设计前后一致，形象统一。

（3）适用性原则

应用设计项目在设计规划时，要注意适用各种广告媒体的变化，尤其是企业促销性媒体，它的主要目的是推广宣传商品，同时也要宣传强化企业的视觉要素，以便产生一致的企业形象。

（4）修正补充的原则

应用设计在实际运用中，有时会出现很多需要修正的问题，修正制作者不应主观任意地改变，而应按照规章程序，由设计企划人报请有关上级部门，才能修正补充，然后列入 VI 手册，以便作为今后实施的范本。

任务实施

1. 出血线设置

01 新建文档，在 Photoshop 中新建一个 A4 大小的文档，这个尺寸是包含上下左右 0.3 cm 的出血线，颜色模式默认 RGB，分辨率为 300 dpi，参数设置如图 1-120 所示。

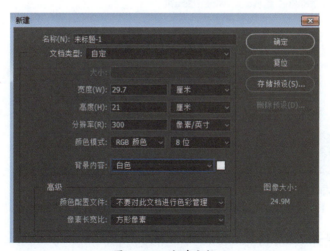

图 1-120　新建文档

02 出血线选项设置。按【Ctrl+K】组合键，在弹出的对话框中设置"单位与尺寸"下的"单位"为厘米（cm），如图 1-121 所示。

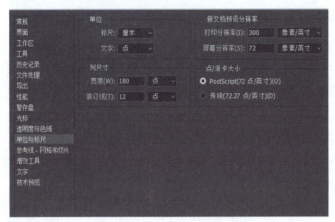

图 1-121　出血线选项设置

03 设置出血线。选择"视图"→"标尺"命令，显示标尺。选择"视图"→"新建参考线"命令，弹出"新建参考线"对话框，依次设置上、左、下、右出血线，如图 1-122～图 1-125 所示，最后锁定参考线即可。

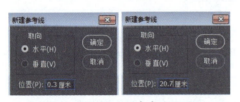

图 1-122　上、下参考线设置　　　　　　图 1-123　上、下出血线

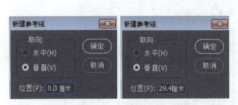

图 1-124　左、右参考线设置　　　　　　图 1-125　左、右出血线

2. 标志设计

01 Logo 设计。在 VI 手册中，最重要的是标志的设计，因为标志在应用系统中应用范围最广，所以标志设计的好坏直接影响整个 VI 的效果。朝曦声传电子商务公司标志是运用 7 个不规则的形状和鼠标的形状结合起来，代表商务通过互联网能够快速发

展,而标志颜色采用了紫、蓝、绿、黄、红、中黄、青7种颜色,代表电子商务可以给人们带来多姿多彩的生活,同时也象征着电子商务行业是朝阳行业。选择钢笔工具,将企业标志中的不规则形状勾勒出来,如图1-126所示。

02 标志的绘制。选择钢笔工具,将标志中的鼠标线与鼠标形状勾勒出来,如图1-127所示。

图 1-126 绘制不规则形状　　　　　　　图 1-127 绘制鼠标形状

03 添加文字。选择文字工具,输入文字信息,并放置在合适的位置。中文字体为黑体,字号为19;英文字体为微软雅黑,字号为11,如图1-128所示。

04 标志上色。选择油漆桶工具,分别为标志中的鼠标形状、不规则形状填充颜色,鼠标颜色值为#231815,不规则形状的颜色值分别为紫(#3e0a83)、蓝(#001eff)、绿(#abc034)、黄(#f3b100)、红(#e6201a)、中黄(#f4d423)、青(#2e9995),效果如图1-129所示。

图 1-128 为标志添加文字　　　　　　　图 1-129 填充颜色后的效果图

3. VI 目录设计

在正式设计VI手册之前,首先要将VI手册中基础系统与应用系统目录设计出来,通过目录的设计使设计者与使用者明白VI手册的具体内容。

（1）基础系统目录设计

🔢 基础系统目录设计。由于该企业是一个商务公司，商务公司强调的一个理念是"速度"与"安全"，所以在整个 VI 设计的风格定位上，标志颜色采用鲜调子与灰调子相结合，即活泼又不失沉稳。新建 A4 大小的文档，画幅是横式，按照上述讲解的方法分别设置上、下、左、右 3 mm 的出血线。

🔢 绘制矩形。选择矩形工具，绘制一个矩形，填充灰色，颜色值为 #c9caca，效果如图 1-130 所示。

🔢 添加文字。选择文字工具，输入"A 基础系统"，表示"A"代表基础系统，字体为微软雅黑，字号为 24，将文字放置画面中间，如图 1-130 所示。

🔢 导入标志。将前面制作好的标志导入画面中，并放置在画面左侧，如图 1-131 所示。

图 1-130　绘制矩形

图 1-131　导入素材

🔢 添加目录文字。选择横排文字工具，在画面右侧绘制一个矩形文字选框，将基础系统文字信息输入进去，字体为黑体，字号为 18，如图 1-132 所示。

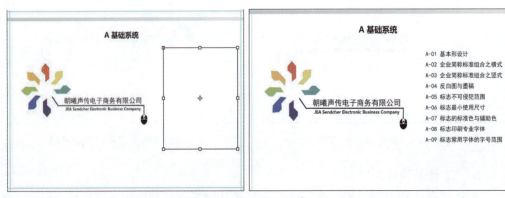
图 1-132　输入文字

（2）应用系统目录设计

应用系统目录设计。由于前面已经把基础系统目录模板设计出来，所以应用系统目录就可以直接套用基础系统目录模板，如图1-133所示。

图1-133　VI应用系统目录

4. VI手册模板设计

01 新建文档，设置出血线。新建A4大小的文档，横式画幅，按照之前的方法分别设置上、下、左、右的出血线，如图1-134所示。

02 绘制矩形。选择矩形工具，在画面上方绘制一个稍大一点的矩形，使用渐变工具填充一条从浅灰到白色的线性渐变，颜色值为浅灰（#bdbdbd）、白色（#ffffff）；选择矩形工具，在画面下方绘制一个稍小的矩形；选择渐变工具，填充一条从浅灰到白色的线性渐变，颜色值为浅灰（#bdbdbd）、白色（#ffffff），如图1-135所示。

图1-134　设置出血线　　　　图1-135　填充渐变色

03 导入标志。将制作好的标志导入画面中，放置在上面灰色渐变条中。选择文字工具，输入大写字母"A"，放置在画面左侧，字体为黑体，字号为170，填充浅灰色，颜色值为#c9caca，如图1-136所示。

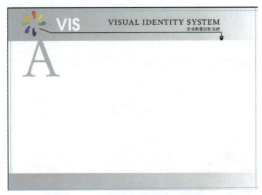

图 1-136　基础系统模板效果图

5. 基础系统

（1）标准色

标准色是用来象征公司或产品特性的指定颜色，是标志、标准字体及宣传媒体专用的色彩。在企业信息传递的整体色彩计划中，具有明确的视觉识别效应，因而具有在市场竞争中制胜的感情魅力。企业标准色具有科学化、差别化、系统化的特点，如图 1-137 所示。

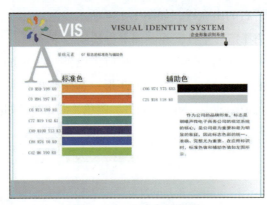

图 1-137　标准色效果图

朝曦声传电子商务公司的标准色有 7 个，辅助色有 2 个。

标准色：中黄色（C0 M59 Y98 K0）、红（C0 M94 Y97 K0）、柠檬黄（C6 M13 Y89 K0）、青（C77 M19 Y42 K1）、紫（C89 M100 Y13 K3）、蓝（C88 M76 Y0 K0）、绿（C42 M6 Y90 K0）。

辅助色：深咖（C66 M74 Y75 K83）、灰色（C25 M18 Y18 K0）。

（2）标志、标准字体的制作与横式组合

标志、标准字、辅助图形等视觉元素在复制、放置的过程中，由于受表现材质、加工工艺等多方因素的干扰，容易出现组合比例和位置的不准确，导致标示识别性降低，视觉效果不佳等情况。因此，对各基础元素在组合中所处的位置比例关系做出明确限定，是VI手册设计中最为重要内容，如图1-138所示。

（3）标志、标准字体的制作与竖式组合

标志与标准字体的组合要适宜人们的阅读习惯，为了增强字体的视觉传达功能，赋予审美情感，诱导人们有兴趣的进行阅读，在组合方式上需要顺应人们心理感受的顺序。如图1-139所示，标志、标准字体的制作与竖式组合就是遵循人们从上到下的阅读习惯。

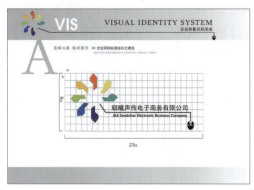

图1-138　横式组合规范

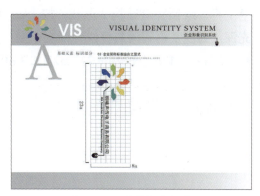

图1-139　竖式组合规范

（4）反白图和墨稿

由于标志在运用过程中会受到一些限制，当标志的放大和缩小要超出印刷技术和材料的限制时，必须制作标志专用的反白图和墨稿，以便标志在使用过程中受背景颜色、场所、技术水平的限制而影响企业的整体形象。图1-140所示为标志的反白图与墨稿。

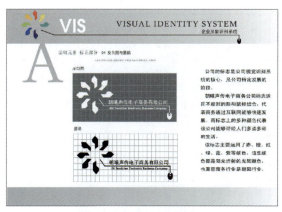

图1-140　反白图与墨稿

6. 应用系统

（1）纸杯设计

01 纸杯杯身的绘制。打开应用系统模板文件，选择文字工具，在页面中输入文字"01 纸杯",字体为宋体,字号为 14;选择钢笔工具,绘制纸杯杯身形状,按【Ctrl】键,将路径变成选区;使用渐变工具填充浅灰到深灰色线性渐变,颜色值分别为浅灰(C1 M1 Y1 K0)、深灰(C26 M20 Y19 K0),如图 1-141 所示。

02 纸杯杯口的绘制。选择钢笔工具,绘制杯口结构 1 形状,按【Ctrl】键,将路径变成选区。使用渐变工具填充浅灰到白色再到浅灰色线性渐变,颜色值分别为浅灰(C16 M12 Y1 1K0)、深灰(C0 M0 Y0 K0)、深灰(C26 M20 Y19 K0)。选择钢笔工具,绘制杯口结构 2 形状,按【Ctrl】键,将路径变成选区,使用渐变工具填充深灰到浅灰再到深灰色线性渐变,颜色值分别为浅灰(C49 M39 Y36 K2)、深灰(C12 M9 Y8 K0)、深灰(C33 M24 Y23 K0),如图 1-142 所示。

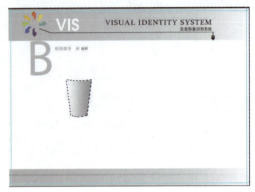 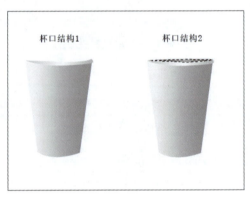

图 1-141 绘制纸杯杯身　　　　　　图 1-142 绘制纸杯杯口

03 添加标志图标。将标志导入画面中,调整大小,选择自由变换工具,进行透视、变形效果,让标志形状与杯身形状贴合,如图 1-143 所示。

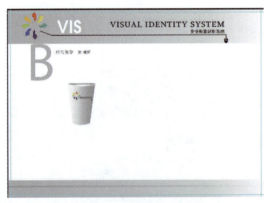

图 1-143 为纸杯添加标志图形

04 复制纸杯。先将图层中的"图标"、"杯身"、"杯口 1"和"杯口 2"4 个图层同时选中,按【Ctrl+G】组合键,合并成组。再将图层中的"组 1"复制 2 个,将复制的 2 个杯子向右移动,放置在合适的位置即可,如图 1-144 所示。

图 1-144　复制纸杯

（2）礼品吊旗

礼品吊旗的设计类型一般可以分为正方形和矩形两种。由于吊旗的作用是为了活跃气氛，设计风格可以适当活泼一些，选用黄色、橘色等鲜艳颜色，但不能脱离基本的设计风格，如图 1-145 所示。

（3）行政工作服

行政工作服属于行政办公人员的统一服装。一般分为男装、女装，大多采用流行的西服样式，面料以棉质为主，色彩要体现企业标准色，显得端庄、沉稳、形象统一，如图 1-146 所示。

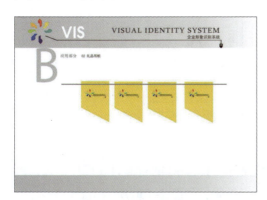

图 1-145　礼品吊旗

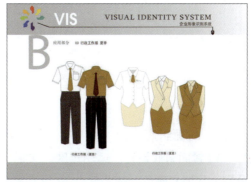

图 1-146　行政工作服

（4）楼层、区域指示牌

楼层、区域指示牌多用于在建筑中表明楼层，可以让人们作为位置的参考，从而省去沿路记忆的负担。区域指示牌的设计要素以分布内容和企业色为主，企业标志、名称等要素安排在次要位置，但要处理得当，不能显得可有可无，如图 1-147 所示。

（5）门牌标识

设计要素以门牌所示内容和企业色为主。公用设置门牌可以辅以图形符号或装饰纹样，帮助人们确认设置的功能或所属，如图 1-148 所示。

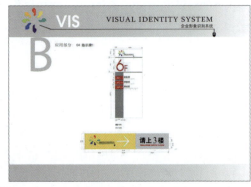
图 1-147 指示牌

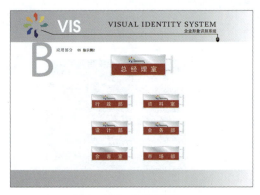
图 1-148 门牌标识

（6）公共标识符号

公共标识符号主要用于公共场所、交通枢纽和建筑与环境中的指示系统符号，如图 1-149 所示。它是人类文明现代化城市的象征，其特点是在公共场所运用规范化的标识形象，让人们大致能够识别并受其指引，向公众提供信息服务。

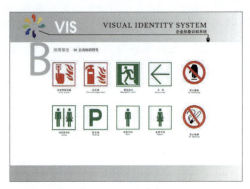
图 1-149 公共标识

7. 封面封底设计

VI 封面封底设计。运用选区、文字、填充等工具将 VI 的封面封底设计出来，再分别为其填充颜色，按照整个 VI 风格定位进行排版，如图 1-150 所示。

图 1-150 VI 封面、封底设计

能力拓展

为某咖啡厅设计 VI 手册，参考图 1-151 和图 1-152 所示，VI 手册其他部分自由发挥设计。

图 1-151　咖啡厅标志

图 1-152　咖啡厅纸巾

职业素养聚焦

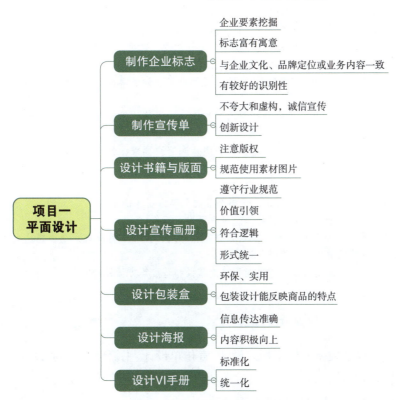

项目展示与评价

按照表 1-1 所示，对作品进行展示和评估。

表 1-1 项目评估表

职业能力	完成项目情况	存在问题	自评	互评	教师评价
图片的布局能力					
常用绘图工具操作能力					
标志设计能力					
宣传单设计能力					
书籍与版面设计能力					
包装设计能力					
海报创意能力					
VI 设计能力					
创新能力					
团队协作能力					
自主学习能力					

注：
※ 评价结果用 A、B、C、D 四个等级表示，A 为优秀，B 为良好，C 为合格，D 为不合格。
※ 图片的布局能力主要从布局是否合理，是否符合设计规范等方面评价。
※ 绘图工具操作能力主要从工具使用是否熟练，是否能表达设计意图，满足设计需要等方面评价。
※ 标志设计能力主要从是否富有寓意，是否有较好的识别性等方面评价。
※ 宣传单设计能力主要从设计是否能够达到宣传的目的，尺寸设置、分辨率设置和出血位设置是否能达到印刷要求等方面评价。
※ 书籍与版面设计能力主要从书籍的封面设计是否与内容相统一，书籍的排版是否符合规范等方面评价。
※ 包装设计能力主要从是否遵循了包装的设计原则，是否能达到客户要求，是否符合设计定位等方面评价。
※ 海报创意能力主要从海报是否符合设计意图等方面评价。
※ VI 设计能力主要从 VI 设计是否能塑造企业形象，传播企业文化等方面评价。
※ 创新能力主要从平面设计有没有融入创新的设计理念等方面进行评价。
※ 团队协作能力主要从团队是否发挥了团队精神，是否能互补互助，互相学习交流，是否能达到团队最大工作效率，是否能共同进步等方面进行评价。
※ 自主学习能力主要从对新技术，新要求，新方法能否快速掌握和适应等方面评价。

项目总结

本项目通过 7 个实际商业案例介绍了标志设计、宣传单设计、书籍设计、画册设计、品牌包装设计、海报招贴设计、VI 设计。通过本项目的学习，能够举一反三，学会运用 Photoshop 的基本操作完成各种类型的平面设计。

平面设计是视觉信息传播的重要载体。平面设计师在设计时要树立正确的价值取向，遵守法律法规和行业规范，坚守设计诚信，不泄露商业秘密，通过较强的责任心及理解分析、创意设计能力，准确表达设计思路，满足客户需求。

项目二

网 页 制 作

项目导读

网页设计是网站功能策划以及页面美化的相关工作,目的是通过使用更合理的颜色、字体、图片、样式进行页面设计,吸引浏览者的目光,展现企业形象,介绍产品和服务,提升企业的品牌形象,尽可能给予用户完美的视觉体验。要根据网络的特殊性,对页面进行精心的设计与编排。

岗位面向

本项目面向网页设计师岗位。网页设计师岗位职责是根据公司品牌调性,负责PC端、移动端网页设计和改版、视觉规划、风格定位,能独立完成网站首页、综合页面、产品详情页、banner等的设计;负责网站整体的美术设计和创意工作;把握Web设计的流行趋势,进行高质量的产品视觉设计。通过前面项目的学习,已经熟练掌握了使用Photoshop设计网页的基本流程、网页规范、布局方法、设计技巧、网页切图和优化等,并具备了一定的审美、配色、排版、视觉等方面的能力和创意思维。完成本项目的学习后,能胜任网页设计师岗位。

项目目标

知识目标	技能目标
◇ 掌握网页设计的基本流程,掌握网页设计的方法和技巧 ◇ 掌握图像处理的基本方法 ◇ 掌握通道的基本原理	◇ 利用色阶、色相饱和度等工具处理图像 ◇ 利用通道调色和抠图
职业素养	素质目标
◇ 自主学习能力 ◇ 团队协作能力 ◇ 审美能力 ◇ 优秀的创新创意思维	◇ 遵纪守法,不传播负能量 ◇ 网页内容正面、积极向上 ◇ 人文价值引领广告 ◇ 不滥用媒体

项目任务及效果

任务一　制作菱峰冷却塔首页

任务二　制作微播通页面

任务一　制作菱峰冷却塔首页

 课前学习工作页

（1）扫一扫二维码观看相关视频

菱峰冷却塔首页制作布局

菱峰冷却塔首页制作规范

（2）完成下列操作

① 从网上收集一些特色网站的界面图，分析这些页面在设计上使用了哪些艺术手法。

② 从收集的网站界面图中选择一个，模仿实现该页面的效果图。

 课堂学习任务

广东菱峰冷却塔制造有限公司为了顺应互联网发展的潮流，使该公司的网站更突显其特点以及优势，计划对该公司的网站进行改版。本任务是为广东菱峰冷却塔制造有限公司重新设计一个网站首页，要求结合公司的特点和理念，设计一个简约大气的网站首页。网站首页是网站整体形象的浓缩，所以进行网页设计时，不仅要把握好色彩与图片的关系，更要合理安排每一个栏目的内容板块。

学习目标与重难点

学习目标	利用矢量工具、剪贴蒙版等布局网站页面
学习重点和难点	页面中图片的展示与布局（重点）
	页面色彩的选择搭配（难点）

任务分析

本任务中的企业名称为"广东菱峰冷却塔制造有限公司"，主营菱峰冷却塔。菱峰冷却塔的外观颜色为橙色，而蓝色代表沉稳、理智、准确，是强调科技、效率的科技制造公司的首选代表色，所以网站的配色选择蓝橙色，而底色采用白色，能够突出蓝色和橙色。菱峰冷却塔的外形归纳为圆形和矩形为主，所以在网站中图片的布局上也是采用圆形和矩形构图方式。

本任务主要利用矢量工具、蒙版功能等完成网站首页的制作。

相关行业规范与技能要点

1. 网页设计的基本结构

（1）页眉

页眉是显示在网页顶部的文本块或图像，是网站访问者在网页第一眼接收到的元素，因此创建具有吸引力的页眉是网站设计中非常重要的部分。页眉部分主要包括网站标识、引导栏和导航栏 3 部分，如图 2-1 所示。

图 2-1　页眉

（2）页脚

页脚在整张网页的最底端，它和页眉相呼应。页脚部分主要以文字为主，通过简单的排列，显示网站的附加信息（如网站制作者、公司相关信息、版权信息），如图 2-2 所示。作为网站的基本结构之一，页脚的设计虽然简单，但不可或缺。

图 2-2　页脚

（3）导航栏

导航栏是指位于页眉下方（有的也位于页眉内）的一排水平导航按钮，它起链接各个页面的作用。网站使用导航栏是为了让访问者更快速地找到所需要的资源区域。通过颜色或形态的变换，导航栏可以向访问者指示其当前所在页面的位置，如图 2-3 所示。

图 2-3　导航栏

（4）Banner 广告

Banner 是指网页上的横幅或旗帜广告，一般在网站页眉的下方位置，通常是用图片幻灯片的形式对产品或活动进行宣传介绍，浏览者可以通过单击链接的形式了解详情，是网页中最基本的广告形式，也是网站收益的一个主要来源，如图 2-4 所示。

图 2-4　Banner 广告

（5）内容

网页内容是指页面上一切可供浏览者提取的信息，通常包括文字、图片和多媒体 3 部分。

① 文字内容。文字是网页上最重要的信息载体和交流工具，在页面中多数是以行或块（段落）出现的，它们的摆放位置决定着整个页面布局的可视性。

② 图片内容。图片和文本是网页构成元素中的两大核心，缺一不可。图片在网页中具有提供信息并展示直观形象的作用。图片的选择、放置及与文本的搭配关系等都影响整个页面的整体布局和页面效果，而且图片的数量也会影响网页的下载速度。

③ 多媒体。除了文本和图片，还有声音、动画、视频等其他媒体。多媒体能够有效地吸引访问者、丰富网站的内容、增强网页的感染力。随着动态网页的兴起，它们在网页布局上也将变得更重要。

2. 网页设计的基本原则

一个优秀的网页，在设计中通常会遵循相应的设计原则。网页设计原则主要包括统一、连贯、分割、对比及和谐等几个方面。

（1）统一

统一是指设计作品的整体性和一致性。在网页设计中，作品的整体效果是至关重要的，设计时强调其整体性，可以使受众更快捷、更准确、更全面地认识网页。通常，网页设计的统一原则主要包括字体、字号、色调、图标元素的统一等。

（2）连贯

连贯是指要注意页面的相互关系。设计中应注意各组成部分在内容上的内在联系和表现形式上的相互呼应，保持整个页面设计风格的一致性，实现视觉和心理上的连贯，使整个页面设计的各个部分融洽。

（3）分割

分割是指将页面分成若干小块，小块之间有视觉上的不同，这样可以使观者一目了然。分割是表现形式的需要，也可以被视为对于页面内容的一种归纳。在信息量较大时，为了使页面清晰、明了，通常需要对页面进行有效、合理的分割。

（4）对比

对比就是通过矛盾和冲突，使设计更加富有生气。对比手法很多，如多和少、曲和直、强与弱、长与短、粗与细、疏与密、主与次、黑与白、动与静等。在使用对比时应慎重，对比过强容易破坏美感，影响统一。

（5）和谐

和谐是指整个页面符合美的法则。如果一件设计作品仅仅是色彩、形状、线条等的随意混合，那么作品将没有"生命感"。和谐不仅要看结构形式，而且要看作品所形成的视觉效果能否与人的视觉感受形成一种沟通，产生共鸣，这也是设计能否成功的关键。

任务实施

01 新建 1 920×5 308 像素、背景色为白色的 PSD 文件。选择矩形工具创建 1 920×36 像素的"矩形 1"形状图层，更改形状图层颜色为 #0066cc。继续使用矩形工具创建大小为 157×124 像素、颜色为 #ff6600 的橙色形状图层，拖到该图层至左上角对齐，按【Ctrl+T】组合键，单击"使用参考点相关定位"按钮，水平移动 409 像素。打开"素材"文件夹中的"logo"文件并拖动到橙色形状图层上方。输入网站的导航菜单，字体为微软雅黑，字号为 18，效果如图 2-5 所示。

图 2-5　制作导航菜单

02 打开"素材"文件夹中的"banner"文件并拖动到橙色形状图层的下方。打开"素材"文件夹中的"phone"文件并拖动到蓝色形状图层的上方并和蓝色形状图层的右上方对齐，左移 593 像素，在该图像的右侧输入"服务热线：1358099××××"。使用矩形工具创建大小为 42×3 像素、颜色 #e54c3e 的形状图层，并放置在"首页"文字的下方。把除背景图层之外的图层选中，按【Ctrl+G】组合键成组并命名为"头部"，如图 2-6 所示。

图 2-6　添加文字 1

03 创建位置为 409 像素和 1 511 像素的两条垂直参考线。在 banner 的下方 36 像素的位置输入文字"关于菱峰"，字体为微软雅黑，字号为 38，颜色为 #ff6600。使用矩形工具创建大小为 576×1 像素、颜色为 #1960b0 的蓝色细线，距离左侧参考线 14 像素，在此形状图层左侧拖出一条参考线，然后输入其他文字。使用矩形工具创建大小为 87×28 像素的橙色形状图层，并输入白色文字"查看更多"，如图 2-7 所示。

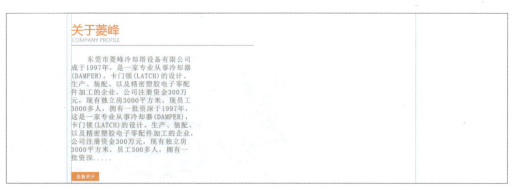

图 2-7　添加文字 2

04 选择椭圆工具，绘制大小为 526×526 像素、颜色为 #e5e5e5 的灰色圆形形状图层，并命名为"圆形"。按【Ctrl+J】组合键复制该形状图层，更改颜色为 #d17f31，按【Ctrl+T】组合键变换图层，缩放该图层为 93%。选择矩形工具，按住【Ctrl】键的同时绘制矩形，在圆形上减去矩形形状，使用相同的方法绘制并旋转该矩形，如图 2-8 所示。

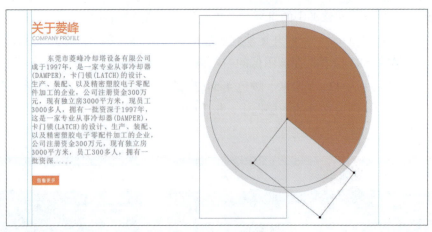

图 2-8 绘制图形

05 选中"圆形"图层并复制该图层,更改该形状图层的颜色为 #0066cc,并缩放为 96%,使用前面所用的方法裁剪图层。选中"圆形"图层并继续复制该图层,缩放为 88% 并拖到最上层。打开"素材"文件夹中的"tu1"文件并拖动图像至该椭圆的上方,按住【Alt】键的同时在该图层和形状图层中间单击,建立剪切蒙版。继续复制"圆形"图层并缩放至 60%,打开"素材"文件夹中的"tu2"文件并拖动图像至该椭圆的上方,创建剪切蒙版。选中"tu1"和"tu2"图层及"圆形"图层和复制的"圆形"图层,按【Ctrl+G】组合键成组并命名为"图形"。选中"图形"组及创建的其他文字图层和形状图层并成组,命名为"关于菱峰",如图 2-9 所示。

图 2-9 添加文字并绘制形状

06 在"查看更多"文字所在的橙色形状图层下方拉出一条参考线,在参考线下方 50 像素的位置新建大小为 1 920×536 像素、颜色为 #f2f2f2 的矩形形状图层。在参考线下方 116 像素的位置新建大小为 659×402 像素、颜色为 #e0dbdb 的矩形形状图层,并输入相关文字,效果如图 2-10 所示。

图 2-10　绘制形状

07 新建大小为 272×174 像素的矩形形状图层，并复制 5 个该图层，按图 2-11 进行摆放。打开"素材"文件夹的"tu3"～"tu7"文件并拖至各个矩形形状图层的上方并创建剪切蒙版。

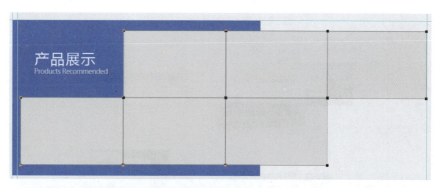

图 2-11　导入素材

08 继续复制小矩形形状图层并添加"描边"图层样式，在内部描边大小为 17 像素的蓝色边缘，并添加文字。在其右侧绘制大小为 33×28 像素、颜色为 #383837 的矩形形状图层，并在其上绘制大小为 12.6×9.8 像素、颜色为白色的细小矩形并旋转。把该部分内容的图层选中成组并命名为"产品展示"，效果如图 2-12 所示。

图 2-12　描边效果

09 输入文字"菱峰冷却器四大核心优势"及"为客户打造坚实的产品、服务品质！",使用矩形工具制作线条。新建"第一个优势"图层,打开"素材"文件夹中的"you1"～"you3"文件并拖至该图层组中,在该组中新建组"1 右",输入文字,橙色线条仍使用矩形工具创建。同理,创建"第二个优势"～"第四个优势"图层,其中"第四个优势"中对"girl2"和"girl3"添加矢量蒙版,在人物周围绘制矢量路径,效果如图 2-13 所示。

图 2-13　导入素材

10 利用文字工具和矩形工具分别输入文字和绘制矩形,添加图片并通过图像和矩形形状图层之间的剪切蒙版创建相同规格的图片完成"工程案例"栏目制作。同样方法，制作"菱峰资讯"栏目。最终效果如图 2-14 所示。

图 2-14　输入文字和绘制图形

11 新建"联系我们"图层组，使用矩形工具新建大小为 1 920×3 288 像素的矩形形状图层，打开"素材"文件夹中"c-bg"文件并拖至该形状图层上方，更改图层的透明度为 92%，设置剪切蒙版。复制形状图层并拖至图片图层上方，更改形状图层的颜色为黑色，设置该图层的透明度为 28%。然后按照效果图拖入图片、输入文字。最后新建"页尾"图层组，新建大小 1 920×150 像素、颜色为 #0066cc 的蓝色矩形，输入文字，效果如图 2-15 所示。

图 2-15　添加文字

能力拓展

通过主题分析、内容规划、结构布局、色彩搭配，为菱峰冷却塔有限公司的网站首页设计一个国庆、元旦等节假日的改版方案，基本要求如下：

① 整体视觉效果：体现设计专业门户网站首页的特点及主流的风格。
② 页面规划：栏目区块划分合理、美观，能满足栏目内容扩展的需要。
③ 页面应保留足够的广告位，并能灵活增减，满足广告位拓展的需要。
④ 添加国庆、元旦等喜庆的元素。

任务二　制作微播通页面

课前学习工作页

（1）扫一扫二维码观看相关视频

微播通页面制作布局　　　　　微播通页面制作规范

（2）完成下列操作

制作网站的促销 Banner 广告，如图 2-16 所示。

图 2-16　促销效果图

项目二　网页制作

课堂学习任务

本任务是为微播通网络科技有限公司制作网站的页面效果图，公司要求结合公司的营销手段及消费众筹系统的特点和理念，设计界面简洁明了、公司业务范围清晰的网站页面。

学习目标与重难点

学习目标	利用矢量工具、剪贴蒙版等布局网站页面
学习重点和难点	页面中图片的展示与布局（重点）
	页面色彩的选择搭配（难点）

任务分析

本任务中的企业名称为"微播通网络科技有限公司"，公司主要经营范围为游戏软件设计与开发、企业咨询、网站设计、网页制作等。由于该公司是科技公司，而且公司 Logo 颜色为蓝色，所以网站使用蓝色和黑色搭配，显得神秘、有视觉冲击力。由于二者都是暗色系，稍微会有些沉闷，所以页面中增加彩色块使整个页面显得更有活力。

本任务主要利用矢量工具、蒙版功能、图层样式等完成网站首页的制作。

相关行业规范与技能要点

网页设计的相关流程

网页设计是一个有计划、不断完善的过程，因此在设计中往往需要遵循相关的设计流程。网页设计的设计流程主要包括网站的主题设计、规划网站内容结构分布、版式版面设计、网页色彩搭配的设计、检测审核内容。

（1）网站的主题设计

在进行网站主题设计时，要根据网站的内容类型和方向，设计网站的主题。网页主题的选择要有特色、要鲜明突出，但不能包罗万象、定位尽量要小、内容精准，要敢于标新立异、做出自己的风格特色。

（2）规划网站内容结构分布

在网页设计中，站点的结构就像是建造高楼大厦之前的图纸设计。详细的规划能避免在网站建设中出现诸多问题，使网站建设能顺利进行。

（3）版式版面设计

有了框架和内容，下一步就需要考虑如何将这些信息展现给访问者，即进入网页版面设计阶段。在版式设计阶段，需要根据特定的主题和内容，把文字、图形图像、动画、视频、色彩等信息传达要素具有艺术性地组织在一起，布局在页面的不同位置，形成美观的页面。

（4）网页色彩搭配的设计

一个色彩搭配优秀的网站，可以吸引更多的访问者，并给人留下深刻的印象。在进行网页色彩搭配设计时，不仅要结合受众人群的个性与共性，还要充分考虑设计色彩的功能与作用，体现最初的设计思维，达到相对完美的视觉和心理效果。

（5）检查审核内容

当一切工作都已经完成后，在发布网页之前还要检查页面上的超链接是否正确，图片是否正常显示，文字是否有错别字等，以呈现给访问者一个完美的网站。

任务实施

01 新建 1 916×8 087 像素、背景色为白色的 PSD 文件。在位置 358 像素和 1 558 像素处新建两条垂直参考线，打开"素材"文件夹中的"logo"文件并拖放至文档中靠文档顶端和左侧参考线对齐，按【Ctrl+T】组合键，单击"使用参考点相关定位"按钮，垂直移动 14 像素。输入文字，并在文字"经典案例"下方创建大小为 72×1.22 像素、颜色为 #3597d4 的蓝色色块，把除"背景"图层以外的图层选中，按【Ctrl+T】组合键成组并命名为"header"。打开"素材"文件夹中的"banner"文件并拖放至文档中，效果如图 2-17 所示。

图 2-17 导入素材

02 选择矩形工具，绘制大小为 1 920×68 像素、颜色为黑色的矩形形状图层，该形状图层底部和"banner"图像的底部对齐后垂直下移 7 像素，输入白色文字并居中，将此处创建的图层成组并命名为"经典案例条框"。打开"素材"文件夹中的"arrow"文件并拖放至文档中靠文档左侧边对齐，上方距离黑色形状图层底端 38 像素，继续打开"素材"文件夹中的"bg-1"文件并拖到文档中靠文档右侧边对齐，上方距离黑色形状图层底端 170 像素。利用直线工具绘制水平线条为 108 像素，垂直线条为 90 像素，颜色为 #1e1e1e，其他通过复制、变换得到。在"arrow"的下方绘制水平线条，颜色为#a1a1a1，最后输入文字并将此处图层成组命名为"营销系统"，如图2-18所示。

图 2-18　添加文字

03 在"营销系统"下方44像素处新建大小为9×267像素、颜色为#fbb400的橙色矩形形状图层。选择多边形工具，在右侧绘制大小为383×297像素的白色三角形，旋转-90度。为该图层添加"描边"图层样式，参数设置：大小为1像素、颜色为#fbb400。继续绘制3个大小为90×90像素的圆形，输入文字并将该处创建的图层成组，命名为"商业模式概述"，如图2-19所示。

图 2-19　添加文字

04 打开"素材"文件夹中的"p-bg"文件并拖至文档中居中对齐，距离上方三角形图像底端68像素。继续打开"man"文件并拖放至"p-bg"图层的上方，距其上边缘174像素，输入相关文字。新建图层组"图标"，在图层组内绘制两个大小为41×41像素，颜色为橙色的圆形和两条长度为310像素的橙色直线，并输入文字。此处创建的所有图层成组并命名为"项目发起人的优势"，如图2-20所示。

图 2-20　导入素材并添加文字

05 新建图层组"项目参与者的好处",复制"项目发起人的优势"图层组中的"图标"组,粘贴到当前组中,更改组中形状图层的颜色为#f8442b,更改组中的文字为"项目参与者的好处"。在该组中新建图层组"图形",在"图形"组中绘制大小为247×214像素、颜色为#fbbb74的六边形,添加"投影"图层样式,参数设置:距离为4、大小为4。复制5个六边形并更改颜色和大小,输入相关文字,如图2-21所示。使用类似的方法制作"项目举例""项目推广手段""消费众筹系统功能""现金券管理""合作方式"栏目。

图2-21 绘制图形并添加文字

06 新建图层组"footer",打开"素材"文件夹中的"f-bg"文件并拖放至文档的底部,然后上移53像素。在该图层组中新建组"connect",使用圆角矩形工具绘制圆角半径为5像素、大小602×34像素、颜色为#adadad的圆角矩形,设置该图层的填充为10%,添加"描边"图层样式,参数设置:大小为1像素、位置为外部、颜色为白色。复制两个圆角矩形,其中一个更改高度为137像素,添加相关文字,使用相同的方法制作"提交"按钮。在右侧添加图片和相关文字。在文档的底部绘制大小为1 920×53像素、颜色为#272727的灰色矩形形状图层,并添加相关图层和文字,如图2-22所示。

项目二 网 页 制 作

图 2-22 绘制矩形

能力拓展

"数字党建"赛道是数字中国创新大赛八大赛道之一。赛道主题为"数字赋能·智慧党建",旨在以数字技术引领党建创新,提高服务质效,赋能社会治理,进一步释放数字党建红利,助推全国数字党建迈向新台阶。请为该赛道设计网站的首页。

职业素养聚焦

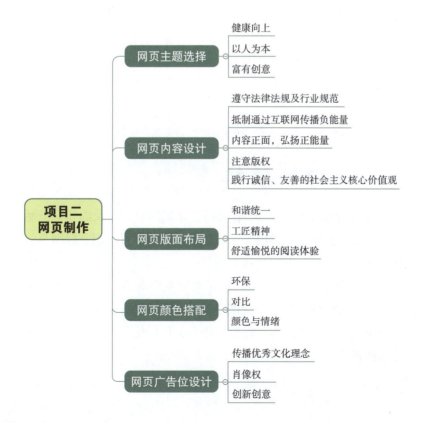

项目展示与评价

按照表 2-1 所示，对作品进行展示和评估。

表 2-1　项目评估表

职业能力	完成项目情况	存在问题	自评	互评	教师评价
网页主题和内容把控能力					
网页整体效果					
色彩的搭配能力					
内容的布局能力					
创新创意能力					
团队协作能力					
自主学习能力					

注：
※ 评价结果用 A、B、C、D 四个等级表示，A 为优秀，B 为良好，C 为合格，D 为不合格。
※ 网页主题和内容把控能力主要从主题和内容是否健康、积极、向上，是否能弘扬正能量等方面评价。
※ 网页整体效果主要从网页整体布局、导航是否清晰，是否图文并茂，视觉效果是否精美、舒适，是否遵守网页设计原则等方面评价。
※ 色彩的搭配能力主要从主、辅色调是否协调，是否与主题相符，视觉对比效果等方面评价。
※ 内容的布局能力主要从网页版面布局是否合理，是否给人以愉悦的美感等方面评价。
※ 创新创意能力主要从能否传播现代企业的优秀文化理念，是否原创，是否能很快吸引用户等方面评价。
※ 团队协作能力主要从能否合作完成整个项目的网页设计，团队成员分工是否合理等方面评价。
※ 自主学习主要从课前导学任务完成情况、素材搜索、参考设计内容等方面评价。

项目总结

本项目通过两个实际案例介绍了用 Photoshop 来搭建布局网页，涉及的知识点涵盖了矢量图形工具、图层蒙版、剪贴蒙版等内容。通过本项目的学习，能掌握网页的设计原则、配色、布局搭建，能举一反三设计各类网页。

本项目学习了网站中的页面制作。网站是信息传播的重要渠道，网页设计师在设计时要正确选题，把握好网页内容，制作时应该遵守法律法规和行业规范，在展现特点、特色的同时要弘扬正能量，不泄漏商业秘密和隐私，传播优秀的理念、文化和服务，达到信息准确传播的目的。

项目三

网店首页装修设计

项目导读

网店装修可以理解为实体店的装修，店铺漂亮才能够吸引买家来购物甚至多次来消费，所以说一个好的店铺设计至关重要，毕竟买家只能通过网上的文字和图片了解店铺、了解产品。本项目通过店标、店招和导航、首页欢迎模块、自定义模块和页尾模块制作 5 个任务完成网店首页装修设计。

岗位面向

本项目可面向网店美工助理、网店美工等岗位，其主要岗位职责包括规划网店装修、商品图片的处理、店铺各页面的装修设计等。通过前面项目的学习可熟练使用 Photoshop 进行网店装修所需的对商品图片进行抠图、修图和调色等技能，图标设计、海报设计等也为店标设计、首页欢迎模块的设计与制作奠定了基础。完成本项目的学习后，能熟知网店装修的流程和技术要求，能熟练掌握 Photoshop 技能，能独立完成网店页面设计和商品展示设计，掌握产品广告图的制作方法，能配合店铺的活动制作轮播广告图等，并具有强烈的审美、设计、创新、沟通和团队合作等意识，能胜任网店美工助理、网店美工等岗位。

项目目标

知识目标	技能目标
◇ 认识店标 ◇ 了解店招和导航的作用 ◇ 了解什么是欢迎模块、作用及分类 ◇ 了解店铺首页自定义区可包含的内容及功能 ◇ 了解页尾，明晰页尾的重要性及可包含的内容	◇ 能够根据店标设计原则设计制作合适的店标 ◇ 能够完成店招和导航的制作 ◇ 能够完成首页欢迎模块的制作 ◇ 能够根据需要完成自定义模块的制作 ◇ 能够根据需要完成页尾模块的制作
职业素养	素质目标
◇ 通过认识、设计制作店标任务提高审美能力 ◇ 通过任务激发潜能，培养组织协调能力、团队合作能力和设计能力 ◇ 通过资料搜索，培养信息搜索能力 ◇ 通过任务培养开拓创新的能力 ◇ 通过任务培养较强的沟通与交流能力	◇ 能正确传达品牌诉求 ◇ 倡导真实描述商品，不作虚假宣传 ◇ 能遵守行业规范，不盗用商品图片

项目任务及效果

任务一 制作店标

任务二 制作店招和导航

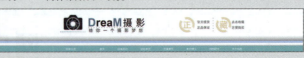

任务三 制作首页欢迎模块

任务四 制作自定义模块

任务五 制作页尾

项目三 网店首页装修设计

任务一 制作店标

 课前学习工作页

（1）扫一扫二维码观看相关视频

开通店铺

认识网店构造

（2）完成下列操作
① 在淘宝上开通 PC 端店铺。
② 在淘宝上开通移动端店铺。

 课堂学习任务

梦想摄影器材销售公司委托百达连新电子商务公司在网上搭建销售平台销售摄影器材，王经理将开通网店这个任务交给了张扬和他的团队。张扬和他的团队经过讨论，认为对于中小企业，借助淘宝这样有名气的第三方网购平台开通店铺是最经济又简单的方法，而开通店铺前要完成店标的设计。一个网店的店标可作为一个店铺的形象参考，给人的感觉是最直观的，可以代表店铺的风格，店主的经营理念，产品的特性，也可起到宣传的作用。一个好的店标可以给买家留下深刻的印象，让买家更容易记住店铺。所以，店标设计不仅仅是一般的图案设计。要完成本任务应了解店标的类型、组成元素和应该包括的内容，并要按要求的格式和尺寸来制作。经过与客户沟通、调研、设计、修改等环节，张扬和他的团队完成了店标的设计和制作并得到了客户的好评，完成效果如图 3-1 所示。

图 3-1 梦想摄影器材店的店标

学习目标与重难点

学习目标	利用形状工具、绘图工具和文本工具等绘制店标
学习重点和难点	形状的绘制（重点）
	店标的设计要与店铺的风格相一致（难点）

任务分析

店标在设计前先要确定好尺寸和格式要求，然后进行内容的设计。在进行店标设计时可提取店名的关键字，分析主营业务或经营理念，抽象成图案。本任务是为梦想摄影器材销售公司设计网店店标，店标拟采用品牌标志和店铺名称相结合的方式进行设计，主要利用形状工具、自由变换工具等绘制出相机轮廓，告诉消费者店铺主营摄影器材，利用文字工具等进行店铺名称设计，利用外发光效果等进行细节设计，最终完成店标的绘制。

相关行业规范与技能要点

1. 店标的尺寸和格式要求

淘宝对店标尺寸的要求为 80×80 像素，图片支持 gif、jpg 和 png 格式，大小限制在 80 KB 以内。

2. 店标可以涵盖的内容

店标可以涵盖的内容有品牌标志或店铺的名称、经营范围、经营理念、店铺网址等。

（1）品牌标志或店铺的名称

店标可以由品牌标志组成。如图 3-2 所示的佳奥旗舰店的店标以萌萌的考拉抱着月亮熟睡的形象告诉消费者其店铺主营睡眠用品。

图 3-2　佳奥旗舰店的店标

店标可以由店铺的名称组成。如图 3-3 所示，香菲丽莎旗舰店的店标以红底白字强烈的视觉冲击效果让消费者更容易记住店名。

图 3-3　香菲丽莎旗舰店的店标

店标也可以由店铺标志和店铺名称两者组合而成。如图3-4所示，三只松鼠坚果零食店铺的店标是由品牌标志和中英两个名称组合而成，一方面，超萌的松鼠形象拉近了与消费者的距离；另一方面，强调了店名。

图3-4　三只松鼠坚果零食店的店标

（2）经营范围

店铺的经营范围也可以在店标中出现，会凸显店铺的主营业务，让消费者感受到这是一家专业做某个商品类目的店铺。例如，尚客食品店将主营业务也放入店标中，如图3-5所示，清晰地告诉消费者本店铺专营食品类。

图3-5　尚客食品专营店的店标

（3）经营理念

企业的经营理念也可以出现在店标中，起强化作用，容易让消费者对店铺产生信任感，从而提升店铺的转化率。如饰外淘缘金冠店和TD干果坊，店标如图3-6和3-7所示，两家店铺都分别将企业"专注品质""品质保证"的理念放入图标中，向顾客宣传其注重产品质量，传达可放心购买的承诺。

图3-6　饰外淘缘金冠店的店标　　图3-7　TD干果坊的店标

（4）店铺网址

出现在店标中的网址会强化人们对网店网址的记忆。如图3-8所示，质汇数码的店标将网址添加到店标中，能强化对店铺产生好感的买家记住店铺或收藏店铺。

图3-8　质汇数码的店标

3. 店标设计步骤

在进行店标设计时需要从店标涵盖的内容方面进行思考，具体的设计过程如图 3-9 所示。

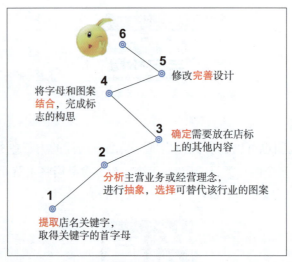

图 3-9　店标设计过程

4. 店标设计原则

成功的店标都有标准的颜色和字体、清洁的设计版面，画面具备强烈的视觉冲击力，能清晰地告诉买家店铺的名称。另外，在制作店标时建议遵从以下原则：

①店标上的文字和背景对比色鲜明。

②店铺名称都用粗体字。

③品牌和主营业务的信息传达要准确。

④店名应以客户群体的母语作为主要文字。

⑤图案简练明确、信息表达清晰。

⑥店标整体近看精致，远看清晰醒目，有较好的识别性。

任务实施

01 新建文件。选择"文件"→"新建"命令，新建文件（快捷组合键为【Ctrl+N】），设置文件名称为"店标"，宽度为 80 像素，高度为 80 像素，分辨率为 72 像素/英寸，颜色模式为 RGB，颜色位数为 8 位，背景内容设置为白色，完成后单击"确定"按钮。

02 相机外轮廓的绘制。使用圆角矩形工具和钢笔工具绘制相机形状，如图 3-10 所示。选择椭圆选框工具，按住【Alt+Shift】组合键从中心点绘制一个圆形选区，按【Delete】键删除选区，结果如图 3-11 所示。

图 3-10 绘制相机的基本形状

图 3-11 从形状中减去选区

03 相机内圈的绘制。使用椭圆工具和多边形工具绘制圆形和八边形，如图 3-12 所示。

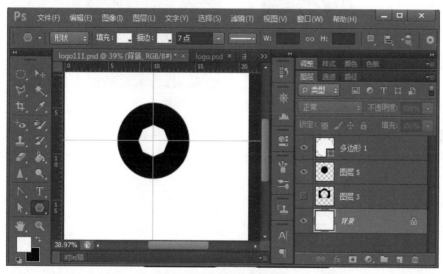

图 3-12 内圈形状的绘制

使用直线工具绘制辅助线，如图 3-13 所示。使用多边形套索工具绘制选区，得到内圈基本图形，如图 3-14 所示。

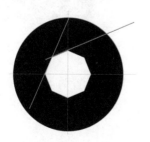

图 3-13 绘制辅助线

图 3-14 内圈基本形状

使用自由变换工具（快捷组合键为【Ctrl+T】）对基本形状进行位置变换，把自由变换的中心点移到八边形的中心，设置旋转角度为45°，按【Enter】键结束操作。多次按【Ctrl+Alt+Shift+T】组合键，重复刚才的自由变换操作，如图3-15所示。

图 3-15　自由变换图形

04 相机的细节设计。使用图层样式为相机外轮廓和内圈添加"外发光"效果，具体参数和效果如图 3-16 和图 3-17 所示。

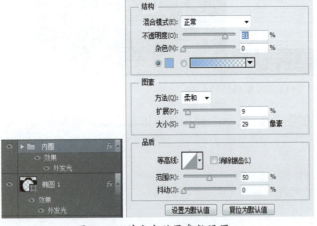

图 3-16　外发光效果参数设置　　　　图 3-17　带有外发光效果的相机

05 虚线和文字的制作。选择横排文字工具，文本颜色设置为 #79b5ea，在店标的适当位置输入"-"，得到虚线效果。使用横排文字工具输入文字，并设置文字的字体、字号和颜色等，参数设置如图 3-18 所示。

06 选择"文件"→"存储为"命令，保存文件为 PSD 格式，即完成整个店标任务的制作，如图 3-19 所示。

图 3-18　文字参数设置

图 3-19　梦想摄影器材店的店标

能力拓展

某零食店准备在淘宝上开一间店铺，请为其设计一款店标，设计效果图可参考图 3-20。

图 3-20　乐购小铺零食店的店标

任务二　制作店招和导航

课前学习工作页

（1）扫一扫二维码观看相关视频

店铺装修风格的确定

店铺收藏设计

（2）完成下列操作

① 认识实体店的店招。通过实地考察，用相机拍摄实体店的店招，分类整理，总结实体店店招包含的内容。

② 认识网店的店招。通过在网上搜索，收集网上店铺的店招并分类整理，总结网上店铺店招包含的内容。

课堂学习任务

店铺开通后，张扬和他的团队开始进行店铺的首页装修，首要任务是设计店招和导航。张扬和他的团队经过讨论认为网店招牌就如同实体店门面的招牌，买家进入店铺第一眼看到的就是店招和导航，设计独特、制作精良且符合网店特色的店招会让客户印象深刻。要完成本任务应先认识店招和导航，明晰店招和导航的作用，制作店招和导航的注意事项等，再进行店招和导航的制作。张扬和他的团队成员通过实地考察和网上搜索充分认识了店招并出色完成了此次任务，在这个过程中也深深体会到店招和导航的重要性。具体完成效果如图 3-21 所示。

图 3-21 梦想摄影器材店的店招和导航

学习目标与重难点

学习目标	利用绘图工具、图层样式和文本工具等绘制店招和导航
学习重点和难点	店招的设计和制作（重点）
	设计能突显店铺经营特色的店招（难点）

任务分析

店招和导航在设计前先要确定好尺寸和格式要求，然后进行内容的设计。店招内容可包含品牌标志或店铺名称、品牌诉求、促销信息和优惠信息、爆款产品、关注信息等，在设计时可根据店铺的定位确定设计内容。本任务是为梦想摄影器材销售公司网店设计店招和导航，为了使店铺内容和风格保持一致，店招中的品牌标志和店铺名称的设计可沿用店标的设计，此外，利用文字工具和形状工具制作"正品保证"和"点击收藏"等内容，以达到树立消费者信心和方便购买等目的。

相关行业规范与技能要点

1. 什么是店招

店招，顾名思义，就是店铺的招牌，随着网络交易平台的发展，店招也延伸到网店中，即虚拟店铺的招牌。图 3-22 所示为三只松鼠店铺的店招。

图 3-22　三只松鼠店铺的店招

2. 店招的作用

店招是品牌展示的窗口。店招代表了明确的品牌定位和产品定位。定位明确会增加回头客或收藏人数，为以后转化做铺垫。店招在整个网店只有一个，它在每个页面上都会显示。通过店招也可对店铺的装修风格进行定位。

3. 导航

导航位于店招的下方，可以指引顾客更快找到需要购买物品的位置，导航同时肩负着引领用户在店铺不同页面中流转的重任。

4. 店招包含的内容

（1）品牌标志或店铺名称

品牌标志或店铺名称一定要在最醒目的位置出现，如图 3-23 和图 3-24 所示。

图 3-23　百丽店招

图 3-24　韩都衣舍店招

（2）品牌诉求

品牌诉求可用一个能展现店铺特点、风格、形象的口号或广告语来表达。如图 3-25 所示，阿芙精油的品牌诉求是"阿芙·就是精油！"，夏娜的品牌诉求是"演绎我的生活梦想"。

（a）阿芙精油的品牌诉求

（b）夏娜的品牌诉求

图 3-25　品牌诉求

（3）促销信息和优惠信息

店招上也可放置促销和优惠券等信息。促销性的信息可以在店铺做促销时放上去，店铺活动结束后，再把促销信息去掉。如图3-26所示，裂帛店铺在店招中放置了关于双十一和聚划算的促销信息，在促销结束后可去掉，或换成其他信息。

图3-26　促销信息

（4）爆款产品

店招是最优质的广告位，如图3-27所示，奥朵店铺的店招充分利用了空间，把要打造的爆款产品放在店招里，对引流、引导消费和增加客单价都有很好的效果。

图3-27　爆款产品

（5）关注信息

收藏店铺、关注店铺等内容出现在店招上的频率也比较高，如图3-28所示，方便买家对店铺进行收藏。

图3-28　关注信息

上述店招包含的内容，可根据店铺的定位进行选择，不必全放。有实力的产品，要打造自己品牌的店铺，想制作以品牌宣传为主类型的店招，可在店招中放置名称、Logo、关注、收藏等内容；以活动促销为主的店铺，店招上可适当地加入一些红包或者优惠券领取的按钮；以产品推广为主的店铺，通常可在店招上放上两三款推广的产品。

5. 导航包含的内容

导航主要表现店铺商品的分类，导航过于简单会导致买家找不到想要的宝贝而离开，如图3-29所示。

图3-29　导航内容过于简单

建议导航要分类清晰，如可在导航中添加店铺活动、新品发布、秒杀专区、搭配专题、品牌故事等栏目。图 3-30 所示为阿卡店铺的导航，导航的内容设计得非常详细清晰，便于顾客查找。

图 3-30　阿卡店铺导航

6. 制作店招和导航的要求

店招位于网店的最顶端，一般都有统一的尺寸要求，以淘宝网为例，默认情况下店招尺寸为 950×120 像素。有的店铺为了在风格上保持一致，会把店招和导航放在一起进行制作，尺寸为 950×150 像素，如图 3-31 所示。

图 3-31　含导航的店招

店招文件的大小一般不超过 120 KB，格式为 JPEG 或 GIF。拍拍网等的店招规格均为 950×120 像素，大小不超过 128 KB。

7. 制作店招的注意要点

① 店招一定要突显品牌的特性，让客户清楚你是卖什么的，包括风格、品牌文化等。

② 视觉重点不宜过多。有 1～2 个即可，太多会给店招造成压力，要根据店铺现阶段的情况来分析，如果现阶段是做大促销，可着重突出促销信息。

③ 店招的主体风格一定要和整个店铺的风格统一，颜色不要复杂，颜色一定要保持整洁性。

④ 品牌和产品两个信息的传达都要准确。

⑤ 店名应以客户群体的母语作为主要文字。

⑥ 如果店招中有时间期限的要素，需要及时更换。比如双十一活动结束后要对店招进行及时调整，不要放置过期的活动在店招上。

任务实施

01 新建文件。选择"文件"→"新建"命令，新建文件（快捷组合键为【Ctrl+N】），设置文件名称为"店招和导航",宽度为950像素,高度为150像素,分辨率为72像素/英寸,颜色模式为RGB,颜色位数为8位,背景内容设置为白色,完成后单击"确定"按钮。

02 店招左侧制作。导入素材图片"相机.jpg",选择横排文字工具,文本颜色设置为 #79b5ea,在相机图片的下面输入"-",得到虚线效果。使用横排文字工具输入文字,并设置文字的字体、字号和颜色等,结果如图3-32所示。

图3-32 店招左侧制作

03 店招右侧制作。在"图层"面板中创建新组并命名为"正品标签",使用椭圆选框工具结合从选区减去按钮绘制圆环选区,为圆环填充颜色 #ffe5b1。使用椭圆选框工具选择部分圆环,如图3-33所示,按【Delete】键删除部分圆环,使用横排文字工具输入文字"正"和"官方提货 正品保证",如图3-34所示。

图3-33 图形的绘制　　　　　图3-34 添加文字

对"正品标签"组进行复制,向右侧移动,修改文字内容,完成"收藏标签"的制作。在两个标签间使用横排文字工具输入"·"完成标签间隔的制作,如图3-35所示。

图3-35 店招右侧制作

04 店招与导航间分隔条的制作。设置前景色为 #9ae8fe，使用矩形工具绘制矩形，结果如图 3-36 所示。

图 3-36　分隔条的制作

05 导航的制作。分别设置前景色为 #cacaca 和 #9ae8fe，使用矩形工具绘制矩形，用横排文字工具输入文字，结果如图 3-37 所示。

图 3-37　导航的制作

06 选择"文件"→"存储为"命令，保存文件为 PSD 格式，即完成整个店招和导航的制作，如图 3-38 所示。

图 3-38　店招和导航效果图

能力拓展

为乐购小铺零食店设计店招，设计效果图可参考图 3-39 所示。

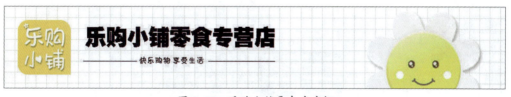

图 3-39　乐购小铺零食店店招

任务三　制作首页欢迎模块

课前学习工作页

（1）扫一扫二维码观看相关视频

欢迎模块的设计标准

背景的处理方法

（2）完成下列操作

收集网上店铺的欢迎模块,根据欢迎模块的设计内容进行分类整理,总结设计重点。

课堂学习任务

为了提高店铺在四五月份的销售业绩,店铺决定策划一个春季上新活动,想要使这些信息快速且有效地传递出去,就需要为店铺设计一个以活动为主题的欢迎模块,对其进行推广。实体店铺中,商家会通过为店铺张贴活动海报告知顾客店铺的相关最新动态,这些活动海报中通常会展示出新品上架、折扣信息等内容,而网店由于平台的限制,不能通过张贴海报的方式实现信息的传递,而是利用欢迎模块的设计代替活动海报的功能。网店的欢迎模块位于网店导航条的下方位置,它的主要作用就是告知顾客店铺在这个特定时间段的一些动态,帮助顾客快速掌握店铺的活动或者商品信息,如图3-40所示。

图3-40　春季上新欢迎模块

学习目标与重难点

学习目标	利用图层样式和文本工具等制作首页欢迎模块
学习重点和难点	文字的编辑和设计（重点） 能根据客户要求或店铺信息推广的内容确认欢迎模块的风格、布局、配色、文字和图片，按照规划和设计构思制作（难点）

任务分析

首页欢迎模块在设计前先要确定好尺寸和格式要求，然后进行内容的设计。网店欢迎模块根据设计的内容可分为新品上架，店铺动态，活动预告等，不同的内容其设计的重点也不相同。本任务是为了提高梦想摄影器材销售公司店铺在四五月份的销售业绩而策划的春季上新活动，在制作时要突出主题，应以最新商品的形象为表现对象，充分向顾客展示商品，在"文案"上突出"新品"字样。本任务主要利用自由变换工具、蒙版工具、色彩平衡命令、画笔工具等进行天空、近景、中景、远景和产品的制作。

相关行业规范与技能要点

1. 首页欢迎模块

网店的欢迎模块位于网店导航条的下方位置，主要用于告知顾客店铺某个时间段的广告商品或者促销活动。

2. 欢迎模块的作用

欢迎模块的主要作用就是告知顾客店铺在某个特定时间段的一些动态，帮助顾客快速掌握店铺的活动或者商品信息。

3. 欢迎模块的分类

网店欢迎模块根据设计的内容可分为新品上架、店铺动态、活动预告等，不同的内容其设计的重点也是不同的。

如图 3-41 所示的欢迎模块是关于裂帛的秋冬新品，是以新品上架为主要内容的欢迎模块，其制作的过程应以最新商品的形象为表现对象，充分向顾客展示商品，在文案上突出"新品"字样，同时告知顾客商品开售的时间和优惠的信息。

图 3-41　新品上架

以促销活动为主要内容的欢迎模块，在文案上要突出促销的内容，如图 3-42 所示的阿芙玫瑰精油 CC 霜，专柜统一价是 169 元，限时特惠价 129 元。

图 3-42 促销活动

4. 制作欢迎模块的要求

网店欢迎模块的高度最高不可超过 600 像素，而宽度则应该大于或者等于 750 像素。另外，为不同的网商平台设计欢迎模块，如淘宝、京东等，或者使用不同的网店装饰版本，其尺寸的要求也是有差异的。例如，淘宝店铺就包含了专业版、标准版、天猫版等，这些版本在装修中的布局和要求都有一定的差别。

5. 制作欢迎模块的注意事项

① 欢迎模块的配色可参照商品的颜色进行同类色搭配，也可以店铺的店招颜色为基础色进行协调色搭配。

② 欢迎模块中需要突出的主要信息可使用字号较大的文字，也可通过文字的颜色变化进行突出。

③ 用于装饰的图片或背景图片不能喧宾夺主。

任务实施

01 新建文件。选择"文件"→"新建"命令，新建文件（快捷组合键为【Ctrl+N】），设置文件名称为"首页欢迎模块"，宽度为 1 720 像素，高度为 760 像素，分辨率为 72 像素/英寸，颜色模式为 RGB，颜色位数为 8 位，背景内容设置为白色，完成后单击"确定"按钮。

02 天空的制作。导入素材图片"天空.png"，使用"自由变换"命令（快捷组合键为【Ctrl+T】）调整图片的大小，使用蒙版工具擦除多余的内容，如图 3-43 所示。

图 3-43 天空的制作

03 中景的制作。导入素材图片"山.png",对图层进行复制,使用"自由变换"命令(快捷组合键为【Ctrl+T】)调整图片,右击,对素材图片进行"水平翻转"。使用蒙版工具擦除多余的内容,结果如图 3-44 所示。导入素材图片"瀑布.jpg",用同样的方法制作出瀑布效果,结果如图 3-45 所示。导入素材图片"石头.png",使用"自由变换"命令调整图片的大小,结果如图 3-46 所示。再次导入素材图片"瀑布.jpg",复制两份放到适合的位置,使用蒙版工具擦除多余的内容,结果如图 3-47 所示。

图 3-44 山的制作

图 3-45 瀑布的制作

图 3-46 石头的制作

图 3-47 重复制作瀑布效果

04 远景的制作。导入素材图片"雾 .png",使用"自由变换"命令(快捷组合键为【Ctrl+T】)调整图片的大小,使用蒙版工具擦除多余的内容,结果如图 3-48 所示。

图 3-48 远景的制作

05 动物的制作。依次导入素材图片"狮子 .png""蜗牛 .png",放到合适的位置,用画笔工具绘制投影,模式为正片叠底,不透明度为 85%,使用相同的方法继续绘制更深投影,不透明度 100%,效果如图 3-49 所示。

图 3-49 动物的制作

06 产品的制作。导入素材图片"产品.png",使用"自由变换"命令(快捷组合键为【Ctrl+T】)调整图片的大小。对产品素材进行调色,在"图层"面板上单击"创建新的填充或调整图层"按钮,选择"色彩平衡"命令,色彩平衡调整参数如图 3-50 所示,在调整图层上右击,创建剪贴蒙版到产品图层,同时新建图层,用画笔在手部和相机右侧绘制暖色光,叠加模式为柔光,颜色值为 #f0d074,结果如图 3-51 所示。用矩形工具在相机显示屏位置画一个矩形,用钢笔工具选出右上方的选区,填充暖色光,颜色值为 #f0d074,按【Ctrl+Shift+Alt+E】组合键

图 3-50 色彩平衡参数

对相机产品下面的所有图层进行盖印,把盖印图层放在矩形图层的上方,右击,创建剪贴蒙版到矩形图层,调整大小,结果如图 3-52 所示。

图 3-51 相机的制作

图 3-52 产品的制作

07 前景的制作。依次导入素材图片"蝴蝶.png"、"猴子.png"、"植物.png"、"树.png"和"植物2.png",并摆放在合适的位置,将前景色设置为 #fff3cc,在每

个素材的上方新建图层，使用画笔工具在每个素材的受光面绘制暖色光，右击，创建剪贴蒙版到每个素材，模式为柔光，结果如图 3-53 所示。新建图层，填充黑色，选择"滤镜"→"渲染"→"镜头光晕"命令，将镜头光晕放在右上方，如图 3-54 所示。设置图层的混合模式为"滤色"，结果如图 3-55 所示。

图 3-53　前景的制作

图 3-54　制作镜头光晕效果

图 3-55　更改图层混合模式后的效果

08 文字的制作。使用横排文字工具输入文字，完成首页欢迎模块的制作，结果如图 3-56 所示。

图 3-56　文字的制作

09 选择"文件"→"存储为"命令，保存文件为 PSD 格式，即完成整个首页欢迎模块的制作。

 能力拓展

为乐购小铺零食店设计首页欢迎模块，设计效果图可参考图 3-57 所示。

图 3-57　乐购小铺零食店设计首页欢迎模块

任务四　制作自定义模块

 课前学习工作页

（1）扫一扫二维码观看相关视频

优惠券设计

分类导航设计

（2）完成下列操作

① 为店铺设计一张优惠券。

② 店铺分类导航设计。

 课堂学习任务

　　首页欢迎模块设计制作完成后，张扬和他的团队开始进行商品展示设计，有的团队成员认为商品展示设计很简单，系统自带有商品展示模块，只要把拍摄好的商品图片上传即可。张扬告诉大家："系统自带的商品展示模块较中规中矩，商品呈现较多时，容易让买家产生视觉疲劳，而自定义模块可以解决这个问题，用自定义模块做个性化设计的商品陈列，可以更大程度地呈现商品的诱惑力、价值等，对体现商品的质感、品牌感都有很大的帮助。"张扬让大家在进行商品展示设计前先认识自定义模块的作用，自定义模块可包含的内容等，最终小组成员通过对同类店铺的对比，对买家在页面的停留时间、访问深度、点击率等数据进行分析，理解了自定义模块的优势，并完成了任务。效果如图3-58所示。

学习目标与重难点

学习目标	利用文本工具、图层样式、调色命令等制作自定义模块
学习重点和难点	页面中商品的展示与布局（重点）
	能根据店铺的定位布局自定义模块，制作出让买家停留时间长、点击率高的页面（难点）

项目三 网店首页装修设计

图 3-58 梦想摄影器材店的自定义模块

任务分析

系统自带的商品展示模块中规中矩，商品呈现较多时，容易让顾客产生视觉疲劳，而自定义模块可以满足店铺和产品的个性化需求，本任务是使用自定义模块对梦想摄影器材销售公司店铺的商品进行陈列，本任务主要利用形状工具、文字工具、曲线、图层混合模式等进行"推荐产品"、"热销产品"和"产品陈列"等的制作。

相关行业规范与技能要点

1. 自定义模块的作用

在淘宝店铺装修中有些内容可通过添加图片或文字自动生成，如商品展示模块、分类导航模块等，但系统自带的功能呈现出来的结果往往中规中矩，无法体现店铺风格和产品特色，而自定义模块可以满足店铺和产品的个性化需求。

107

2. 自定义模块可包含的内容

店铺首页是由多个模块搭建而成的，店铺可根据客户群定位、风格定位、产品布局结构及设计思路搭建模块，确定店铺框架，模块的不合理使用将会影响店铺的视觉效果和销售额，因此了解模块的作用和注意点，掌握每个模块的使用技巧是非常必要的，除了商品展示，自定义模块还可包含如下内容：

（1）分类导航

买家进入店铺首页之后，可根据宝贝分类清楚地找到所需要的商品。宝贝分类也具有推荐的作用，很多买家都是被某件商品吸引而进入店铺的，但并不是每个买家都想购买这件商品，如果一个店铺同时展示了宝贝分类，那么买家很可能会对其他类目感兴趣而促成交易。在默认情况下，店铺是以文字形式显示分类，但卖家可以把宝贝分类制作成图片形式，这样可使店铺的分类效果更加美观，也可与店铺的整体风格保持一致。

对宝贝进行分类的方法很多，主要的原则是让顾客尽快找到所需的商品。在设计此部分内容时要多从用户的角度出发，了解用户的需求和用户分类查找的习惯，可以按宝贝类别、款式、季节设置分类，也可增加个性化分类，如热销宝贝、手机专享、会员专享、每日上新、特惠活动等。如图3-59所示，是关于牛仔裤的分类，分别从新品、风格、商品类型和活动进行分类。

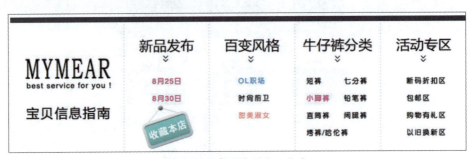

图3-59　牛仔裤的宝贝分类

宝贝分类应该放在什么位置也并没有统一的要求，在网店中要让顾客能快速地找到想买的商品是非常重要的，也是设计的关键。

（2）在线客服

网店中的客服与实体店中的售货员具有相同的作用。当用户对店铺内的某些信息，如活动内容、商品折扣等不清楚或有疑问时，就需要咨询网店客服。客服区应该放在什么位置并没有统一的要求，在网店中要让顾客能快速地寻找到客服并进行询问是非常重要的，也是设计的关键。有的店铺把客服区放在欢迎模块下方，有的店铺把客服区放在店铺首页的底部位置，有的店铺把客服区放在侧边栏，越来越多的商家将客服区放在店铺首页的中间位置，当顾客对店铺首页浏览到一定程度时，客服区的及时显示会增加顾客询问的概率，从而提高店铺的销量。如图3-60所示，阿芙精油店铺的客服区就位于店铺首页的中间位置。

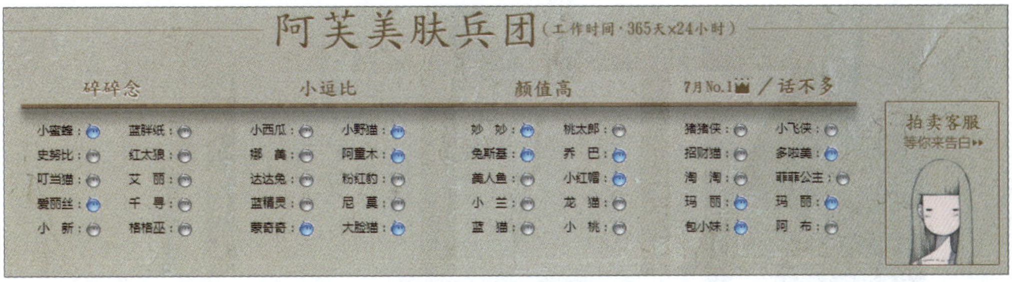

图 3-60 客服区的位置

在进行客服区设计时，有的商家为了让客服区的设计与整个店铺的风格一致，会使用一些卡通头像，如图 3-61 所示。

图 3-61 卡通客服头像

使用真实的人物头像来对客服的形象进行美化，可以提高顾客对客服交流的兴趣，如图 3-62 所示。

图 3-62 真实的客服头像

给客服起一个有趣的名字也是很多店铺常用的做法，一个符合店铺特点和定位的客服名字能让顾客感受到商家的用心，也能引起买家的情感共鸣，如图 3-63 所示的阿卡店铺的客服。

当店铺规模比较大时，可以对客服进行细分，如图 3-64 所示的百雀羚店铺把客服分成了售前客服、售后客服和快递查件 3 种。另外，在客服区标注客服服务时间也是比较常见的一种做法。

（3）收藏

在同类店铺中，收藏数量较高的店铺，往往曝光量也要比其他同行高，店铺收藏的数量多少是衡量一个店铺热度高低的标准，而有的店铺收藏功能不明显，这将严重影响店铺的排名。

图 3-63　客服的名字

图 3-64　客服细分

店铺收藏的设计较为灵活，因为店招位于店铺的最上方，且每个页面都会显示，很多店铺都会把收藏放在店招中，方便买家对店铺进行收藏。也可以单独显示在首页的某个区域，如侧边栏或跟随买家浏览浮动的浮动窗口也是设置收藏按钮的好地方，还可以放在页面底部。店铺收藏的位置分布对店铺收藏率有直接影响，店铺收藏要醒目、直观，如图 3-65 所示。

图 3-65　店铺收藏放在页尾

任务实施

01 左侧推荐产品制作。使用矩形工具、椭圆工具绘制形状，使用横排文字工具输入文字，如图 3-66 所示。

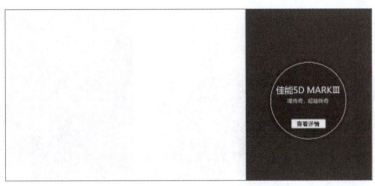

图 3-66　形状和文本的制作

导入素材图片"推荐产品 1.jpg",右击,创建剪贴蒙版到"矩形 5"图层,如图 3-67 所示。

图 3-67　左侧推荐产品制作

02 右侧推荐产品制作。同理,使用矩形工具、椭圆工具绘制形状,使用横排文字工具输入文字,导入素材图片"推荐产品 2.jpg",右击,创建剪贴蒙版到"矩形 6"图层,如图 3-68 所示。

图 3-68　右侧推荐产品制作

使用"曲线"命令对图形颜色进行调整,调整结果和参数如图 3-69 所示。

图 3-69　曲线调整产品图片

03 热销产品背景制作。导入素材图片"热销产品背景.jpg",使用多边形套索工具绘制选区并填充颜色,颜色值为 #fea10e,使用横排文字工具输入文本"canon",文字的字体为 FZLTCHK,字号为 165.53 点,设置文本图层的透明度为 5%,如图 3-70 所示。

图 3-70　背景制作

04 改变颜色。绘制一个渐变矩形,如图 3-71(a)所示,设置图层的混合模式为"颜色",效果如图 3-71(b)所示。

（a）渐变矩形　　　　　　　　　　　　（b）效果

图 3-71　绘制矩形

05 文本和形状的制作。使用横排文字工具输入文本，使用形状工具绘制三角形，使用直线工具绘制直线，使用椭圆工具绘制圆形，如图 3-72 所示。

图 3-72　文本和形状的制作

06 产品及产品倒影制作。导入素材图片"相机 .jpg"，复制图层，按【Ctrl+T】组合键对复制图像进行自由变换，右击，在弹出的快捷菜单中选择"垂直翻转"命令，设置图层的不透明度为 40%，如图 3-73 所示。在下方图层上添加图层蒙版，设置前景色为黑色，背景色为白色，从下到上制作线性渐变。"图层"面板如图 3-74 所示，产品及产品倒影制作效果如图 3-75 所示。

图 3-73　倒影制作

图 3-74　"图层"面板

图 3-75　产品及产品倒影制作效果

07 列表的制作。绘制矩形，为矩形设置描边效果，参数为"大小"1 像素，颜色值为 #c9c9c9，设置渐变叠加效果，如图 3-76 所示。

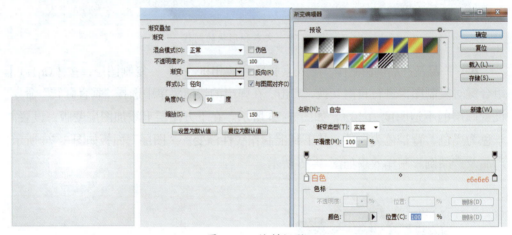

图 3-76　绘制矩形

08 使用横排文字工具输入文本，使用形状工具绘制出形状，导入相机图片，如图 3-77 所示。

图 3-77　产品列表制作 1

09 用同样的方法制作余下内容，如图 3-78 所示。

图 3-78　产品列表制作 2

10 选择"文件"→"存储为"命令，保存文件为 PSD 格式，即完成整个自定义模块的制作。

能力拓展

为乐购小铺零食店设计自定义模块，设计效果图可参考图 3-79 所示。

图 3-79　乐购小铺零食店设计自定义模块

任务五 制作页尾

课前学习工作页

（1）扫一扫二维码观看相关视频

在线客服设计

（2）完成下列操作

收集网上店铺的页尾信息，讨论店铺页尾的作用和可包含的内容。

课堂学习任务

自定义模块设计制作完成后，张扬和他的团队开始进行页尾的制作，有的团队成员不重视此项任务，认为页尾不过是为了让整个页面看起来更完整，随便制作一下就可以了。张扬告诉大家："页尾的作用不可小视，当买家浏览到页面底部时，如果仍然没有吸引他的内容，很可能会离开页面，一个可以吸引买家点击的页尾必不可少。"张扬决定在制作前让大家先认识页尾，明晰页尾的作用、页尾设计的注意事项等再进行制作。最终团队成员通过在网上搜索看到了很多店铺会在页尾介绍商品色差、店铺加入消保的基本信息、发货时间及默认快递等信息等，改变了观点并顺利完成了任务，如图 3-80 所示。

图 3-80 页尾模块

学习目标与重难点

学习目标	利用矢量工具、文字工具等制作页尾
学习重点和难点	页尾中内容的展示与布局（重点）
	页尾内容设计（难点）

任务分析

店铺的页尾可以让店铺页面的结构更加完整，利用好页尾能为店铺起到很好的分流作用。本任务是为梦想摄影器材销售公司网店设计页尾，本任务主要利用形状工具、文字工具、剪贴蒙版等进行页尾"分类"、"快速导购"、"收藏"、"关注我们"、"关于退换货"和"关于快递"等的制作。

相关行业规范与技能要点

1. 什么是页尾

页尾是可以在首页、列表页、详情页同时显示的模块。通常会将常用的内容规划在该模块内，如客服中心、导航、返回首页、收藏按钮、发货须知、友情链接、店铺信息、买家必读和其他内容等。

2. 页尾的作用

① 让店铺页面的结构更加完整。

② 利用好页尾能为店铺起到很好的分流作用。

③ 页头和页尾属于共同展示页面，无论打开哪个详情页都会显示。

3. 页尾可包含的内容

① 放置客服联系方式。很多店铺会把客服联系方式设置在左右两边，而设置到页尾的目的是页头和页尾属于共同页面，增加展示机会，方便顾客咨询。

② 放置购物保障、发货、物流和售后须知等提示。目的是让顾客对店铺增加信任，给顾客温馨、专业的感觉。

③ 放置返回顶部、返回首页等按钮。方便顾客再次浏览，增加用户体验。

④ 友情链接。即合作店铺、姐妹店铺、同盟之类等。

⑤ 关于我们。讲解店铺的文化、特色、内涵等，店铺加入哪些保障服务等。

⑥ 放置购物流程等内容。不是每一个顾客都了解网购流程，要给顾客提供必要的指引。

⑦ 放置微信、微淘、微博等链接（二维码）。方便和顾客互动，培养忠实粉丝。

⑧ 放置收藏按钮。再次提醒顾客收藏店铺。

4. 案例展示

（1）麦包包

麦包包的页尾放置了"返回顶部"按钮，方便顾客返回顶部再次对店铺进行浏览，除此之外，页尾还放置了关于麦包包，主要讲解麦包包的品牌故事、时尚资讯、公益活动等内容，品牌加盟实际上是一个友情链接，乐帮派分享给喜欢麦包包产品的顾客提供了一个可分享交流的园地，如图 3-81 所示。

图 3-81　麦包包店铺的页尾

（2）奥朵

奥朵店铺的页尾比较长，可以看出设计师对页尾的重视程度，除了"客服"、"宝贝分类"、"搜索"和一些品质保证的信息外，奥朵店铺还在页尾放置了店铺的发展历程，可以让买家进一步了解店铺，如图 3-82 所示。

图 3-82　奥朵店铺的页尾

（3）朗仕灯具

朗仕灯具的页尾放置了"正品保证"、"如实描述"、"七天退换"和"金牌客服"等内容，全方位为买家提供保障，增强买家的信心。"收藏店铺"功能方便买家进行店铺收藏，同时在页尾还提供了分类导航，方便买家继续进行分类浏览。朗仕灯具的页尾设计如图3-83所示。

图3-83　朗仕灯具的页尾

任务实施

01 形状绘制。使用矩形工具、椭圆工具和直线工具进行基本形状的绘制，颜色值为#17dbe5、#9ae8fe，结果如图3-84所示。

图3-84　形状绘制

02 内容制作。使用横排文字工具制作文字，使用形状工具绘制直线和箭头，插入素材图片，结果如图3-85所示。

图3-85　内容制作

03 分类制作。在"图层"面板中单击"创建新组"按钮,创建"专供新品"组。使用椭圆工具绘制圆形,导入素材图片,在素材图层右击,创建剪贴蒙版,如图3-86所示。使用矩形工具绘制矩形,颜色值为#17dbe5,设置图层的不透明度为80%,输入文本,结果如图3-87所示。对"专供新品"组进行复制并移动,修改文字和图片,结果如图3-88所示。

图3-86　形状绘制　　　　　　　　图3-87　专供新品制作

图3-88　分类制作

04 选择"文件"→"存储为"命令,保存文件为PSD格式,即完成整个页尾模块的制作。

为乐购小铺零食店设计页尾模块,如图3-89所示。

图3-89　乐购小铺零食店设计页尾模块

职业素养聚焦

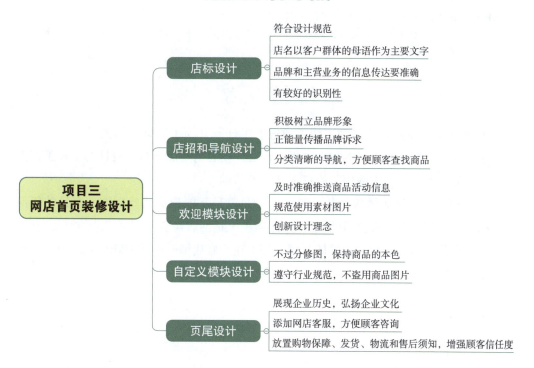

项目展示与评价

按照表 3-1 所示,对作品进行展示和评估。

表 3-1 项目评估表

职业能力	完成项目情况	存在问题	自评	互评	教师评价
网店整体装修效果					
审美能力					
设计能力					
素材搜索能力					
开拓创新能力					
团队协作能力					
沟通与交流能力					

注:
※ 评价结果用 A、B、C、D 四个等级表示,A 为优秀,B 为良好,C 为合格,D 为不合格。
※ 网店整体装修效果主要从品牌和主营业务的信息传达是否准确等方面进行评价。
※ 审美能力主要从网店的装修风格是否与目标人群、品牌的定位相一致等方面进行评价。

※ 素材搜索能力主要从搜索到的素材是否能满足设计要求等方面进行评价。
※ 设计能力主要从网店整体设计是否符合行业规范等方面进行评价。
※ 开拓创新能力主要从店铺装修有没有融入创新的设计理念等方面进行评价。
※ 团队协作能力主要从项目是否能够顺利完成等方面进行评价。
※ 沟通与交流能力主要从项目是否能达成客户的要求，项目开展过程中团队成员是否能准确表达设计思路等方面进行评价。

项目总结

本项目以店铺首页装修为主线，通过5个任务介绍了店标、店招导航、首页欢迎模块、自定义模块和页尾的制作过程，旨在让读者清楚店铺首页设计的主要工作内容和设计的基本方法，为网店装修打下扎实的基础。

网店销售与实体店销售相比，最大的不足就是不能现场体验实物，商品的任何信息都是通过网店页面来获得的，因此，网店美工是网店经营中不可或缺的重要岗位，承载着视觉传达和视觉营销的重任，网店美工在装修店铺时应能遵守行业规范，积极树立品牌形象，如实描述商品信息，达到诚信经营的目的。

项目四

交互界面设计

项目导读

本项目主要利用 Photoshop 工具栏中各类工具完成目前主流的 UI 设计工作，项目最终完成了一整套 UI 图标设计和界面设计，同时本项目也介绍了当前电商移动端的设计规范、视觉效果及设计方法。UI 的图标设计与交互界面设计主要是抓住用户的习惯与眼球，引导用户下载，吸引购买欲，建立需求黏性，转化消费。好的 UI 设计是实现软件功能的重中之重，不但要有好的视觉效果，而且用户体验必须贯穿设计始终。

岗位面向

本项目面向 UI 设计师岗位。UI 设计师岗位职责是负责 PC 端、移动端产品的图标和 UI 交互界面设计、平面视觉设计，善于分享沟通设计经验、效果及实现方式，提升产品的用户体验，输出 UI 设计规范，把控整体设计质量和规划设计方向。要求熟悉 iOS 和 Android 设计规范，具有良好的审美和视觉表现力，具备强烈的责任感、团队合作精神以及良好的沟通能力。通过本项目的学习将会熟练掌握图标设计规范、移动界面设计规范、用户体验和 Photoshop 设计图标和界面的技能，并具备一定审美、配色、排版、视觉和创意思维。完成本项目的学习后，能胜任 UI 设计师岗位。

项目目标

知识目标	技能目标
◇ 了解图标设计的行业规范 ◇ 了解移动界面设计的行业规范 ◇ 熟悉目前主流的移动界面设计规范 ◇ 了解用户体验效果的把控 ◇ 了解品牌营销氛围的引入 ◇ 掌握在 Photoshop 中完成界面设计的操作技巧	◇ 熟悉形状工具及布尔运算的功能 ◇ 按 iOS 和 Android 设计规范制作图标和界面 ◇ 制作规范化的电商移动端界面
职业素养	素质目标
◇ 规范设计习惯 ◇ 良好的审美能力 ◇ 较强的沟通和表达能力	◇ 传承中华民族优秀文化 ◇ 传播先进文化理念 ◇ 技术兴国、学习强国 ◇ 精益求精的工匠精神 ◇ 以用户为中心的服务精神

项目任务及效果

任务一 制作图标

课前学习工作页

（1）扫一扫二维码观看相关视频

图标制作规范及技巧

拟物图标的制作方法

项目四　交互界面设计

（2）完成下列操作
① 利用形状工具设计一个正形的音乐图标。
② 利用形状工具设计一个扁平化的音乐图标。

课堂学习任务

某电子数码公司因扩展业务，计划推出一个主营电子数码的全新购物产品"CONCISER"。该公司委托凯源网络科技有限公司对该数码产品的移动端进行推广，设计部小凯和他的团队接受了此项任务。小凯和他的团队首先对这款名为"CONCISER"的新产品进行了充分的熟悉和了解，与公司相关人员进行了详细的沟通，并通过竞品分析，最终确定了该产品移动端 App 的设计方案，该移动端旨在为用户提供一个干净快速的购物过程，抛弃一些复杂又无谓的操作，因此在界面设计方面要求提供一种干净清爽的感觉，不能有过多的视觉负担。接下来小凯开始着手移动端 App 的图标设计，图标效果如图 4-1 所示。

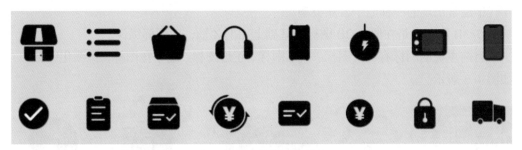

图 4-1　CONCISER 图标

学习目标与重难点

学习目标	利用形状工具绘制规范化的 App 图标
学习重点和难点	形状工具和布尔运算的综合应用（重点）
	图标的绘制规范（难点）

任务分析

通过对公司提出的设计要求进行分析，这套图标主要采用了"正形图标"的设计风格，在保持简洁设计的同时，也保证了图标本身的辨识度，能准确对应所代表的功能，不会让用户产生困惑。

相关行业规范与技能要点

1. 图标的分类

图标是具有指代性的计算机图形，具有高度浓缩并快速传达信息和便于记忆的特点，在界面设计中，图标都是不可或缺的元素。图标从维度上分 2D 图标、2.5D 图标和 3D 图标，如图 4-2 所示。

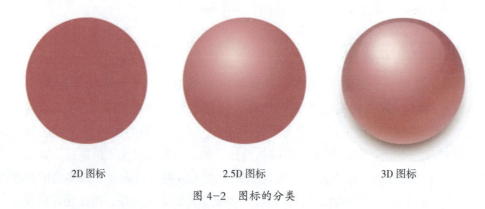

图 4-2　图标的分类

① 2D 图标：指只有水平的 X 轴向与垂直的 Y 轴向。

② 2.5D 图标：又称 2.5D 伪三维、假 3D 图标，是电子游戏立体技术尚未成熟的年代中经常出现的一种电子游戏类型。

③ 3D 图标：是在原有 2D 图标的基础上加上 Z 轴，即图标纵深。

目前主流的图标有像素图标、负形图标、正形图标、扁平化图标、拟物化图标等，如图 4-3 所示。

像素图标　　　　负形图标　　　　正形图标　　　　扁平化图标　　　拟物化图标

图 4-3　主流图标

① 像素图标：体积小，方便在手机等小屏幕的移动设备上使用，节省流量，打开页面速度更快，比直接压缩的图更清晰、更美观。

② 负形图标（线性图标）：轻表达却最具设计感，更具想象力与拓展性。

③ 正形图标（块状图标）：由于面积占比大，视觉注意力比负形图标有强度，容易处理视觉平衡，使用率高。

④ 扁平化图标：摒弃高光、阴影等造成透视感的效果，通过抽象、简化、符号化的设计元素来表现，具体表现在去掉了多余的透视、纹理、渐变以及能做出 3D 效果的元素。

⑤ 拟物化图标：模拟真实物体的造型和质感，通过叠加高光、纹理、材质、阴影等效果对实物进行再现，也可适当程度地变形和夸张。

在移动界面中，拟物化图标和扁平化图标如图 4-4 所示。

iOS 6 的拟物化图标　　　　　　iOS 7 的扁平化图标

图 4-4　iOS 的拟物化图标和扁平化图标

2. 图标设计的作用

图标在界面交互设计中无处不在，作为应用的入口，其作用是用特定的图形符号有效地标示产品中的各项功能，帮助用户快速找到并执行想要进行的操作。

3. 图标设计的原则

不同的目标必须使用不同的图标表示，并尽量绘制出该功能的标志特性，避免引起混淆，导致用户体验降分。图标一般为软件提供单击功能，了解其功能后就要在其易辨认方面下工夫。图标设计应该遵循可识别性、差异性、合适的精细度、风格统一性原则、与环境协调、视觉效果和创造性原则。

① 可识别性原则。图标中的图形要能准确表达相应的操作，也就是说看到一个图标，就要明白所代表的含义。

② 差异性原则。在界面上的很多个图标中能第一时间感觉到图标之间的差异性。

③ 合适的精细度。在图标设计的初始阶段，图标可用性会随着精细度的变化而上升，但是达到一定精细度以后，图标的可用性往往会随着图标的精细度而下降，因此图标的精细度要合适。

④ 风格统一性原则。一套好的图标，一定要有统一的风格。

⑤ 与环境的协调性。图标没有单独存在的，图标最终是要放置在界面上才会起作用。因此，图标的设计要考虑图标所处的环境，又要考虑图标是否适合界面。

⑥ 视觉效果。图标设计要在保证差异性、可识别性、统一性、协调性原则的基础上再追求图标完美的艺术效果。

⑦ 创造性原则。也就是图标的原创性原则，但过度追求图标的原创性和艺术效果，往往会降低图标的易用性。

4. 图标设计的尺寸规范

图标设计的绘制必须是矢量图形，因为目前各个平台的图标设计规范都不尽相同，矢量图形方便后续的修改与适应各分辨率的设备。在图标设计中，图标过大占用界面空间过多，过小又会降低精细度，具体该使用多大尺寸的图标，往往要根据界面的需求而定。图标尺寸的通用设计规范见表4-1。

表4-1 图标尺寸通用设计规范

理论尺寸(像素)	实际(可见)尺寸(像素)	边距(像素)	圆角半径(像素)	线条粗细(像素)
1 024×1 024	896×896	64	64	64
512×512	448×448	32	32	32
144×144	136×136	9	9	9
128×128	112×112	8	8	8
96×96	84×84	6	6	6
72×72	64×64	4	4	4
64×64	56×56	4	4	4
56×56	50×50	3	3	3
48×48	42×42	3	3	3
32×32	28×28	2	2	2
16×16	14×14	1	1	1

下面是 iOS 和 Android 两大移动平台的图标设计规范。

① iOS 的图标尺寸规范和圆角规范见表4-2和表4-3。

表4-2 iOS 图标尺寸规范

设备	iPhone 3GS (像素)	iPhone 4/4s (像素)	iPhone se/5s (像素)	iPhone 6/6S (像素)	iPhone x/8P/8 (像素)	iPhone 14/13Pro (像素)
App	57×57	114×114	120×120	120×120	180×180	180×180
App Store	512×512	512×512	1 024×1 024	1 024×1 024	1 024×1 024	1 024×1 024
标签栏导航	25×25	50×50	50×50	50x50	75×75	75×75
导航栏/工具栏	22×22	44×44	44×44	44×44	66×66	66×66
设置/搜索	29×29	58×58	58×58	58×58	87×87	87×87
Web Clip	57×57	114×114	120×120	120×120	180×180	114×114

项目四 交互界面设计

表 4-3 iOS 图标圆角参照

图标尺寸（像素）	圆角（像素）
57×57	10
114×114	20
120×120	22
180×180	34
512×512	90
1 024×1 024	180

iOS 各类图标的尺寸和圆角大小如图 4-5 所示。

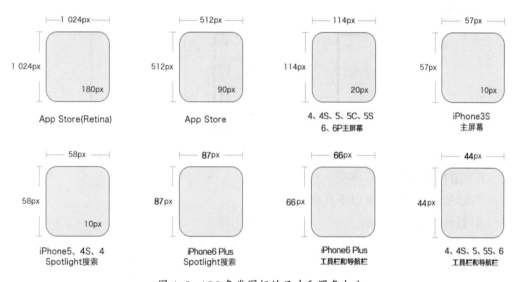

图 4-5 iOS 各类图标的尺寸和圆角大小

② Android 的图标尺寸规范见表 4-4。

表 4-4 Android 图标尺寸规范

类型	LDPI（像素）	MDPI（像素）	HDPI（像素）	XHDPI（像素）	XXHDPI（像素）	XXXHDPI（像素）
App 启动图标	36×36	48×48	72×72	96×96	144×144	192×192
操作栏图标	24×24	32×32	48×48	64×64	96×96	128×128
情境图标	12×12	16×16	24×24	32×32	48×48	64x64
通知图标	18×18	24×24	36×36	48×48	72×72	96×96
应用商店	512×512					
比例	@0.75x	@1x	@1.5x	@2x	@3x	@4x

注：Android 规范提供的尺寸单位是 dp，若设计稿尺寸设为 720×1 280 像素，图标大小需在

规范要求的尺寸数字上乘以 2。比如操作栏图标 32×32 像素，则设计稿上应该是 64×64 像素。

5. 图标设计的建议

（1）绘制方式

无论是 App 内的功能性图标还是用于展示 App 的应用图标，都必须采用矢量的绘制方法，只有这样才能够在不一样的尺寸中进行无损缩放。

（2）安全区域

无论使用什么尺寸，在设计图标时，都需要在四边留出至少 20 像素的安全区域，因为这样是为了设计有一定的留白。留白的目的一是避免图标显示不全，二是给用户一定的呼吸感。但安全区域也不能过大，否则图标区域太小，导致图标清晰度不够，如图 4-6 所示。

图 4-6　图标设计区域

6. 图标设计的注意事项

图标在设计时要注意以下几点：

① 让用户更容易理解。

② 图标不是图像，图标是图形，在适应设备上要容易阅读，带来更多的视觉感。

③ 图标避免文字，因为图标空间区域不大，内容多不易于用户理解。

④ 用鲜亮的颜色，一个充满活力的颜色可以更容易抓住用户注意力。

⑤ 单色设计，如果单色设计能传达与有颜色的设计同样的信息，那么它是个有效设计。在设计中经常先用黑白色进行设计，建立一个坚实的框架后，再添加颜色。

7. 图标的绘制

① 利用形状工具（见图 4-7）绘制矢量图标，通过工具栏（见图 4-8）和路径操作（见图 4-9）的布尔运算结合绘制出各种图标。

图 4-7　形状工具　　　　　图 4-8　"路径操作"面板

② 利用形状工具的"属性"面板可设置形状的圆角等属性，如图 4-10 所示。

图 4-9　路径操作　　　　　　　　图 4-10　形状工具的"属性"面板

③ 在形状绘制中，按住【Alt】键的同时绘制形状相减，按住【Shift】键的同时绘制形状相加。

任务实施

01 本例以 iPhone 8 Plus 的主页图标尺寸进行绘制（由于绘制的是矢量图形，图标可以进行无损缩放），打开 Photoshop 软件，新建大小为 180×180 像素的画布，保存为"购物车.psd"。

02 选择"视图"→"新建参考线"命令，在画布四边各设置一条距离为 40 像素的参考线，这是作为安全区域的参考线，这个距离并不是规定的数值，可以根据设计自行设置，如图 4-11 所示。

03 在上方的参考线居中位置中新建大小为 94×50 像素、圆角半径为 10 像素的圆角矩形，效果如图 4-12 所示。

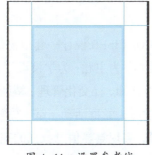 

图 4-11　设置参考线　　　　　　　图 4-12　绘制圆角矩形

04 按【Ctrl+T】组合键自由变换图形，右击，在弹出的快捷菜单中选择"透视"命令，对圆角矩形进行 10°的透视处理，效果如图 4-13 所示。

05 按住【Alt】键，利用布尔运算在当前圆角矩形上减去一个新的圆角矩形，大小为 18×34 像素，圆角半径为 5 像素。按【Ctrl+T】组合键自由变换图形，对内部的圆角矩形进行 6 度的透视变形，效果如图 4-14 所示。

 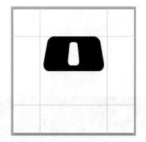

图 4-13　透视变形　　　　　　　　　图 4-14　绘制内部的矩形

06 在下方的参考线居中位置上新建大小为 74×58 像素，圆角半径为 10 像素的圆角矩形，使用直接选择工具选中下方矩形上方的两个锚点，进行删除，效果如图 4-15 所示。

07 按住【Alt】键，在下方参考线的圆角矩形中心位置删去大小为 26×34 像素、圆角半径 5 像素的圆角矩形，最后在下方圆角矩形中绘制一个大小为 5 像素的圆形，作为门把手，最终效果如图 4-16 所示。

图 4-15　绘制下方矩形　　　　　　　图 4-16　绘制其他图形

能力拓展

① 根据图标规范及项目效果中给出的图标，为 CONCISER 设计一套拟物化图标。

② 参考"学习强国"App，以"不忘初心，牢记使命"为主题，为学校设计一套"智慧党建 App"图标。该 App 体现"碎片化学习、系统性认知、社交化管理、精细化服务"四大核心应用，主要功能入口有：三会一课、在线学习、党群活动、掌上党校、知识竞赛、样板支部、党建地图、党员管理、党费收缴等，实现党建信息数据的完全对接、融合及提取，并通过线上线下的结合，构建党建工作的数字化和智能化。

项目四　交互界面设计

任务二　制作移动界面

 课前学习工作页

（1）扫一扫二维码观看相关视频

移动交互界面制作规范

移动交互界面制作过程

（2）完成下列操作
① 根据规范绘制 iOS 平台下的 App 登录界面。
② 根据规范绘制 Android 平台下的 App 注册界面。

 课堂学习任务

凯源网络科技有限公司的设计部王源负责电子数码产品"CONCISER"的移动端交互界面设计。根据公司提出的要求与产品的定位，通过对竞品的分析及团队确定的方案，王源与团队设计了一套移动端界面，下面主要分析其中"购物车"页面的制作，如图 4-17 所示。

图 4-17　"购物车"页面效果

学习目标与重难点

学习目标	掌握移动交互界面的设计规范和绘制技能
学习重点和难点	iOS 和 Android 平台下的移动交互界面的设计规范（重点）
	移动交互界面的设计方法（难点）

任务分析

此套界面设计，主要采用了黑白灰的配色，利用公司标准色进行点缀，同时采用大量的留白设计，以保证视觉体验足够轻巧。本套界面是在 iOS 平台下运行的，遵循当下主流的 iOS 10 平台的设计规范。

相关行业规范与技能要点

1. 制定设计规范的意义

由于移动应用的屏幕尺寸较多，因此在界面设计中画布尺寸设计多大（特别是 Android）、图标和字体大小如何设置、需要设计多少套设计稿、如何切图以配合开发的实现，都需要设计师了解移动界面设计中的尺寸规范，在设计和开发产品前都要制定设计规范。

App 制定设计规范的目的是后续能更好地服务于用户，尤其是公司产品规模壮大之后就需要多个产品设计师协作完成整个产品，每个设计师之间的设计理念、设计方法、设计习惯的不同，协作完成的产品往往会导致产品一致性差异。用设计规范来规范设计和开发，能保证产品设计的一致性和无二义性，大幅度提升整体产品质量，同时也便于设计与开发等部门之间的协调和沟通。

（1）解决多人协作时控件混乱问题

如果没有规范来指导，设计过程中很容易产生细微的出入，导致每个控件都会有细微的差别，从而出现控件不一致的问题。

（2）解决开发效率、代码冗余问题

程序员从规范中可知道哪些控件需要一次性写好并复用，在搭建全局共用元素时规则更加清晰明了，如按钮、行间距、字体大小、色值等。如果没有规范，每个页面开发可能都需要重新写一套代码。

（3）解决产品迭代中品牌形象走样的问题

产品在迭代过程中，往往是小版本进行几个功能性的迭代比较多。如果没有规范，在多次迭代过程中会忘记设计初衷，让产品控件混乱，导致品牌形象走样。规范能保持产品特性，增加用户使用认知，可不同程度地提升用户体验。

2. 相关概念

（1）屏幕尺寸与分辨率

屏幕尺寸指手机实际的物理尺寸，为屏幕对角线的测量。Android 把屏幕大小分为广义的四类：小、正常、大、特大。

（2）像素密度

像素指屏幕上一个物理的像素点。像素密度 ppi（pixels per inch）是指显示屏幕每英寸的长度上排列的像素点数量，通常指的分辨率。Android 为了解决设备碎片化，引入了 DP 概念，用 dpi 表示屏幕密度，通常也是指分辨率，并定义了四类屏幕密度：低（120 dpi）、中（160 dpi）、高（240 dpi）和超高（320 dpi）。

① ppi（pixels per inch）：图像分辨率（在图像中，每英寸所包含的像素数目）。

② dpi（dots per inch）：打印分辨率（每英寸所能打印的点数，即打印精度）。

对于移动设备的显示屏，可以看作 1ppi=1dpi。

iOS 和 Android 的设备分辨率见表 4-5 和表 4-6。

表 4-5　iOS 设备分辨率

设备	逻辑分辨率	像素倍率	物理分辨率	ppi
iPhone 12/13 Pro Max	428×926	@3x	1 284×2 778	458
iPhone 12/13、12/13 Pro	390×844	@3x	1 170×2 532	460
iPhone 12/13 mini	375×812	@3x	1 125×2 436	476
iPhone XS Max、11 Pro Max	414×896	@3x	1 242×2 688	458
iPhone X、XS、11 Pro	375×812	@3x	1 125×2 436	458
iPhone XR、11	414×896	@2x	828×1 792	326
iPhone X	375×812	@3x	1 125×2 436	458
iPhone 6P/7P/8P	414×736	@3x	1 242×2 208	401
iPhone 6/7/8	375×667	@2x	750×1 334	326
iPhone 5/5s/se	320×568	@2x	640×1 136	326
iPhone 4s/4	320×480	@2x	640×960	326
iPhone 3GS 及以下	320×480	@1x	320×480	163
iPad Pro 12.5	1 024×1 366	@2x	2 048×2 732	264
iPad Pro 10.5	834×1 122	@2x	1 668×2 224	264
iPad Air	768×1 024	@2x	1 536×2 408	264
iPad mini	768×1 024	@2x	1 536×2 408	326
iPad 2 以下	768×1 024	@1x	768×1 024	132

表 4-6　Android 设备分辨率

名称	物理分辨率	dpi	像素倍率	换算实例
超超超高密度 xxxhdpi	2 160×3 840	640	@4x	1dp = 4 像素
超超高密度 xxhdpi	1 080×1 920	480	@3x	1dp = 3 像素
超高密度 xhdpi	720×1 280	320	@2x	1dp = 2 像素

续上表

名 称	物理分辨率	dpi	像素倍率	换算实例
高密度 hdpi	480×800	240	@1.5x	1dp = 1.5 像素
中密度 mdpi	320×480	160	@1	1dp = 1 像素
低密度 ldpi	240×320	120	@0.75	1dp = 0.75 像素

（3）计量单位

iOS 和 Android 平台都定义了各自的像素计量单位。iOS 的尺寸单位为 pt（磅值），Android 的尺寸单位为 dp。单位之间的换算关系随倍率而变化。

1 倍：1pt=1dp=1 像素（mdpi、iPhone 3gs）

1.5 倍：1pt=1dp=1.5 像素（hdpi）

2 倍：1pt=1dp=2 像素（xhdpi、iPhone 4s/5/6）

3 倍：1pt=1dp=3 像素（xxhdpi、iPhone 6）

4 倍：1pt=1dp=4 像素（xxxhdpi）

3. 移动界面的尺寸规范

（1）iOS 的界面尺寸

App 界面一般都由 4 个元素组成：状态栏、导航栏、标签栏和内容区域。iOS 对 iPhone 的界面尺寸及各元素尺寸均有严格的要求，因此在设计 iPhone 界面时一定要严格遵守表 4-7 所示的尺寸规范，苹果手机在 iPhone X 诞生之后正式进入全面屏移动时代，在 UI 的尺寸与规范上也有了较大变化，常用的设计尺寸有 375×667 pt/750×1 334 px@2x 或 375×812 pt/1 125×2 436 px@3x，可以采用 750×1 334 像素作为基准尺寸进行设计，再向上或向下适配。

表 4-7 iPhone 界面尺寸

设 备	分辨率（像素）	状态栏高度（像素）	导航栏高度（像素）	标签栏高度（像素）
iPhone 12/13 Pro Max	1 284×2 778	132	132	147
iPhone 12/13、12/13 Pro	1 170×2 532	132	132	147
iPhone 12/13 mini	1 125×2 436	132	132	147
iPhone XS Max、11 Pro Max	1 242×2 688	132	132	147
iPhone X、XS、11 Pro	1 125×2 436	132	132	147
iPhone XR、11	828×1 792	88	88	98
iPhone X	1 125×2 436	132	132	147
iPhone 6/7/8 Plus 设计版	1 242×2 208	60	132	147
iPhone 6/7/8 Plus 物理版	1 080×1 920	54	132	146
iPhone 6	750×1 334	40	88	98

续上表

设　备	分辨率（像素）	状态栏高度（像素）	导航栏高度（像素）	标签栏高度（像素）
iPhone 5S/5C/5	640×1136	40	88	98
iPhone 4S/4	640×960	40	88	98
iPhone & iPod Touch 第一代、第二代、第三代	320×480	20	44	49

下面以 750×1 334 像素和 1 125×2 436 像素尺寸的设计稿为例,介绍界面各组成元素的尺寸,具体如图 4-18 所示。

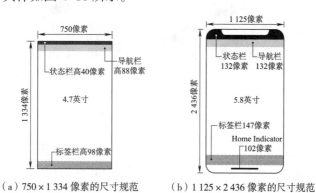

（a）750×1 334 像素的尺寸规范　　（b）1 125×2 436 像素的尺寸规范

图 4-18　iOS 界面尺寸规范

①状态栏（status bar）：位于界面最上方,750×1 334 像素设计稿的状态栏高度为 40 像素,而 1 125×2 436 像素设计稿的状态栏高度为 132 像素,主要用于显示当前时间、网络状态、电池电量、SIM 运营商。当然不同型号设备的状态栏高度也不同,例如 iPhone 12/13、iPhone 11、iPhone X 等全面屏型号的手机界面状态栏高度通常为 88 像素或 132 像素,全面屏屏幕设备的外观设计的高度会高于非全面屏设备的,iPhone 6/7/8 等非全面屏设备的状态栏高度通常为 40 像素或 60 像素。

②导航栏（navigation）：位于状态栏之下,750×1 334 像素设计稿的导航栏高度为 88 像素,而 1 125×2 436 像素设计稿的导航栏高度为 132 像素,主要用于显示当前页面的标题。目前 iOS 的导航栏主要包括 88 像素和 132 像素两种高度。

③主菜单栏（submenu,tab）：即标签栏,通常位于界面底部,750×1 334 像素设计稿的标签栏高度为 98 像素,而 1 125×2 436 像素设计稿的标签栏高度为 147 像素。

④内容区域（content）：即屏幕中间的区域,750×1 334 像素设计稿的内容区域高度为 1 334-40-88-98=1 108 像素,而 1 125×2 436 像素设计稿的内容区域高度为 2 436-132-132-147=2 025 像素。

要注意的是,在最新的 iOS 7 风格中,苹果已经慢慢弱化状态栏的存在,将状态栏和导航栏结合在一起,但尺寸的高度未变,如图 4-19 所示。

图 4-19 最新的 iOS 风格

（2）Android 的界面尺寸

Android 的界面区域与 iPhone 相同，但其规范没有 iOS 标准对尺寸要求那么严格，Android 手机由于品牌以及厂商等的问题，尽管也有相应的尺寸规范，但相对自由很多，不同情况下可以设置不同的参数，对于界面中各区域的高度一般都由用户自定义，为了方便换算到 Android 开发中的尺寸单位，设计时建议采用 720×1 280 像素的画布大小进行设计，分辨率为 72 ppi（像素/英寸）。根据 48 dp 原则，以及一些主流的 Android 应用分析，界面各区域的设计尺寸如图 4-20 所示。现在很多 Android 系统手机去掉了实体键，把功能键也放在了屏幕中，高度与菜单栏高度一样为 96 像素。

4. 移动界面分辨率的确定

在设计移动界面时，为了保证准确高效的沟通，应该尽量使用逻辑像素尺寸来思考界面，在设计时选取一个合适的移动界面尺寸，一般情况下苹果设计稿一般创建 750×1 334 像素的画布大小，分辨率为 72 ppi；Android 设计稿一般创建 720×1 280 像素画布大小，分辨率为 72 ppi。界面尺寸确定可从以下几方面考虑：

① 从中间尺寸向上（放大）和向下（缩小）适配到不同分辨率的移动界面，此种情况界面调整的幅度最小，最方便适配到其他尺寸。但对于更高分辨率的手机，图标被放大后可能会导致质量不高。

② 以最高分辨率为基准设计，然后缩小适应到所需的小分辨率上。大屏幕时代依然以小尺寸作为设计尺寸，也会限制设计师的设计视角。但图标等若都是最大尺寸，加载时速度慢且耗费流量较多，对于小分辨率的用户也不够好。

③ 用主流尺寸做设计稿尺寸，可以极大地提高视觉还原和其他机型适配。

项目四　交互界面设计

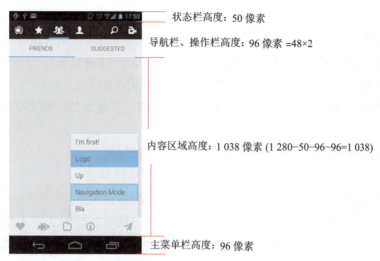

图 4-20　Android 的尺寸规范

为了适应多分辨率的手机，理想的方式是为每种分辨率做一套设计稿，包括所用到的图标、设计稿标注等。但在实际开发中，这种方法耗时耗力，所以通常会选择折中的方法。

5. 移动界面的字体规范

（1）字体规范

当前主流的 iOS 和 Android 的字体规范见表 4-8。

表 4-8　两大系统文字使用规范

语种	系统	
	iOS	Android
中文	苹方	思源黑体
英语	San Francisco	Roboto

iOS 的字体英文为 Helvetica Nenu，是一种纤细简单的文字，中文为一种比较细黑体（常用苹方体、华文细黑、冬青黑体，不是微软雅黑）。苹果 iOS 9 系统开始，系统最新的默认中文字体为苹方；英文字体是为 San Francisco，如图 4-21 所示。

苹方　San Francisco

图 4-21　iOS 中的字体

Android 的中文字体为思源黑体/Noto；英文字体为 Roboto。字体效果如图 4-22 所示。

思源黑体/Noto　Roboto

图 4-22　Android 上的字体

139

（2）字体大小规范

iOS 对字体大小没有做严格的数值规定，字体大小一般为偶数，指导原则如下：

① 即便用户选择了最小号的文字，文字也不应小于 22 pt（点）。

② 通常每一档文字大小设置的字体大小和行间距的差异是 2 点。

③ 在最小的 3 种文字大小中，字间距相对宽阔；在最大的 3 种文字大小中，字间距相对紧密。

④ 如果标题和正文使用一样的字体大小，则标题加粗。

⑤ 导航栏中的文字使用大号的正文样式，文字大小 34 点。

⑥ 文本通常使用常规体和中等大小，而不是用细体和粗体。

以 iPhone 的 750×1 334 像素的设计稿为例，一般导航栏的文字大小最大值是 34～36 像素，标签栏图标下方的文字大小为 20 像素；内容区域的文字大小一般是 20 像素、24 像素、26 像素、28 像素、30 像素、32 像素、34 像素。

Android 在 720×1 280 像素尺寸的设计稿上，字体大小可选择为 24 像素、28 像素、32 像素、36 像素，主要根据文字的重要程度选择，特殊情况下也可能选择更大或更小的字体。

百度用户体验做过对用户可接受的手机屏幕上字体大小见表 4-9。

表 4-9 用户可接受的字体大小

文本类型	可接受下限 （80% 用户可接受）	最小值 （50% 以上用户认为偏小）	舒适值 （用户认为最舒适）
长文本	26 像素	30 像素	32～34 像素
短文本	28 像素	30 像素	32 像素
注释	24 像素	24 像素	28 像素

图 4-23 所示为移动界面字体效果与字体大小的对照图。

图 4-23 "我的音乐"App 字体大小

无论是 iOS 系统还是 Android 系统，对字体大小都没有严格的限制，但可用以下两种方法来确定字体大小：

① 找到自己觉得好用的 App 并截屏，然后放进 Photoshop 中去对比，调节字体大小。

② 在 PC 端做好效果图后导入到手机中看一下实际效果。

下面给出了 iPhone 的 750×1 334 像素的设计稿中常用的一些设计规范：

① 界面尺寸布局：满屏尺寸 750×1 334 像素。

② 高度：电量条高度为 40 像素，导航栏高度为 88 像素，标签栏高度为 98 像素。

③ 各区域图标大小：导航栏图标 44 像素，标签栏图标 50 像素。

④ 各区域文字大小：电量条文字为 22 像素，导航栏文字为 32 像素，标签栏字为 20 像素。

⑤ 常用的文字大小：32 像素，30 像素，28 像素，26 像素，24 像素，22 像素，20 像素。

⑥ 常用的颜色：背景浅灰色（#f2f2f2），文字深黑色（#323232），边框色深灰（#cccccc）。

⑦ 常用可点击区域的高度：88 像素。

⑧ 单行文字背景框的高度：88 像素，双行则为 176 像素，三行则为 264 像素。

⑨ 常用间距：亲密距离为 20 像素；疏远距离为 30 像素，其他距离为 10 像素、44 像素等。

6. 移动界面设计规范与标注

该网络科技公司为了提高工作效率，整个开发团队需要使用界面设计中的各类素材并清楚界面设计中各类素材的搭建与使用规范，同时要制定一份设计规范帮助开发团队以及后续设计师的重复使用以及保证设计的统一性。图 4-24 是本次移动交互界面相关的颜色、尺寸、距离等方面的设计规范的标注。

图 4-24　相关设计规范的标注

任务实施

01 本任务使用的是 iPhone 的 750×1 334 像素的设计稿的分辨率，因为这个尺寸的参数在后续对 2 倍图与 3 倍图的适配更加轻松，所以尽量使用这个尺寸进行设计。

02 新建画布。打开 Photoshop，新建大小为 750×1 334 像素的画布，背景颜色填充为 #f8f8f8，按规范设置图 4-25 所示的参考线，左右的边距是 16 像素，这个边距是用来固定内容的安全区域，该安全区域建议至少要有 16 像素以上。

图 4-25 参考线设置

03 绘制状态栏。根据参考线，绘制出 3 个矩形的背景，分别是状态栏、导航栏、搜索栏，颜色填充为白色，并将状态栏的图标素材导入状态栏的位置，居中对齐，如图 4-26 所示。

04 绘制导航栏。在导航栏中，根据文字规范表，在相应的位置输入文字，将主标题"购物车"的字体设为"苹方-粗体"，颜色为 #000000，字体大小为 28 像素，左右两边的功能文字将字体设为"苹方-细体"，颜色为 #0076ff，字体大小为 28 像素，和背景矩形垂直居中对齐，如图 4-27 所示。

项目四　交互界面设计

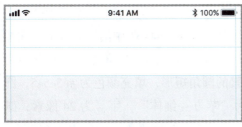

图 4-26　绘制状态栏

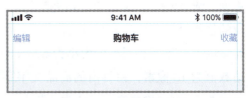

图 4-27　绘制导航栏

05 绘制搜索栏。在搜索栏区域绘制一个 718×56 像素的圆角矩形，圆角数值为 10 像素，填充底色为 #e6e6e8，并在圆角矩形内输入相应的文字"搜索购物车…"，文字字体为"苹方-细体"，字号为 28 像素，颜色为 #000000，不透明度设为 40%，然后将搜索图标放入圆角矩形相应的位置内，最后给这个搜索栏最下面的白色背景矩形添加一个投影效果，参数如图 4-28 所示；投影颜色改为 #848484，图层如图 4-29 所示。搜索框距离各边距离及效果如图 4-30 所示。

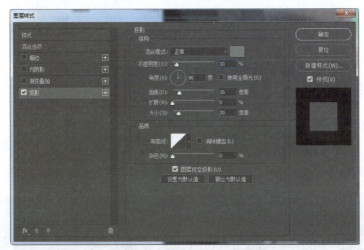

图 4-28　搜索栏背景图层样式

图 4-29　搜索框图层

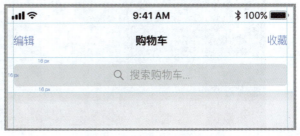

图 4-30　搜索框距离及效果

143

06 绘制第一组购物清单。在搜索框下面绘制一个大小为 718×394 像素的圆角矩形，圆角数值为 20 像素，填充颜色为白色，然后根据图 4-31 中给出的数值，在相应的位置绘制商品清单内的内容，"选择按钮"的大小为 28×28 像素，填充颜色为 #e5e5e5；"商品栏目"的大小为 590×80 像素的圆角矩形，填充颜色为 #e5e5e5，圆角数值为 10 像素；栏目内的商品文字字体为"苹方－细体"，字号为 24 像素，颜色为 #666666；价格文字字体为"苹方－粗体"，字号为 24 像素，颜色为 #666666；选中的蓝色栏目，填充颜色改为 #3498db，之后将相应的商品素材导入相应的位置。最后给商品清单的白色矩形背景加一个投影图层样式效果，参数如图 4-32 所示，填充颜色修改为 #000000。

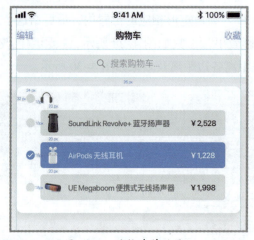

图 4-31 购物清单效果 1

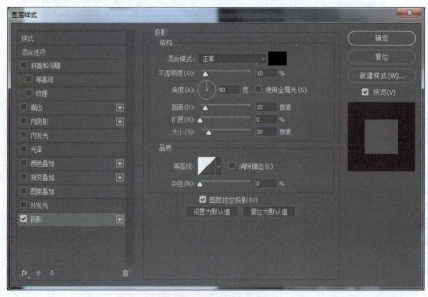

图 4-32 投影参数设置

07 绘制第二组购物清单。后面的商品清单绘制方法同上,每个商品清单相隔 26 像素,第三组全选的商品清单绘制完毕后,需要为白色矩形背景继续添加一个描边的效果,描边颜色为 #3498db,其他参数如图 4-33 所示。

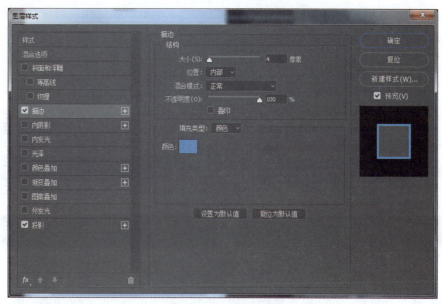

图 4-33 描边参数设置

三组购物清单最终完成效果如图 4-34 所示。

图 4-34 三组购物清单效果

08 绘制底部标签栏。根据参考线，在最下方绘制一个矩形作为底部标签栏，大小为 750×98 像素，填充颜色为 #212629，如图 4-35 所示。

09 在底部标签栏添加导航图标。根据规范，首先在标签栏中绘制出 3 个大小为 66×66 像素大小的矩形，可适当降低透明度，把 3 个矩形放到相应的位置；第一个与第 3 个矩形贴紧左右安全边距的参考线，选中 3 个矩形，进行平均分布的操作，之后将绘制好的功能图标放入 3 个矩形中；选中图标和矩形，进行上下居中对齐，对齐之后，可以将 3 个矩形进行隐藏，如图 4-36 所示。

图 4-35　绘制底部标签栏

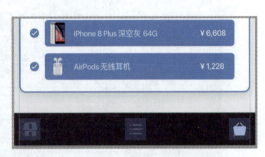
图 4-36　底部标签栏效果

10 绘制结算栏。在底部标签栏上方，绘制一个大小为 750×98 像素的矩形，填充颜色为白色；继续绘制一个大小为 160×100 像素的矩形，填充颜色为 #3498db，并与底部的白色矩形进行居右对齐，并在蓝色矩形内输入文字"结算"，字体为"苹方-粗体"，大小为 34 像素，颜色为白色；然后根据图 4-38 中的数值，绘制一个大小为 28×28 像素的圆形，填充颜色为 #e5e5e5，在圆形后面输入文字"全选"，字体为"苹方-细体"，大小为 24 像素，填充颜色为 #666666；在其后输入总结算的文字"￥8,998"，字体为"苹方-粗体"，大小为 34 像素，填充颜色为 #000000；最后给结算栏的白色背景添加一个投影效果，效果参数如图 4-38 所示，投影颜色改为 #9b9b9b，结算样相关距离如图 4-37 所示。

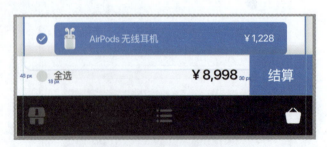
图 4-37　结算栏对象间距及效果

11 购物车页面最终效果如图 4-39 所示，"图层"面板如图 4-40 所示。

项目四　交互界面设计

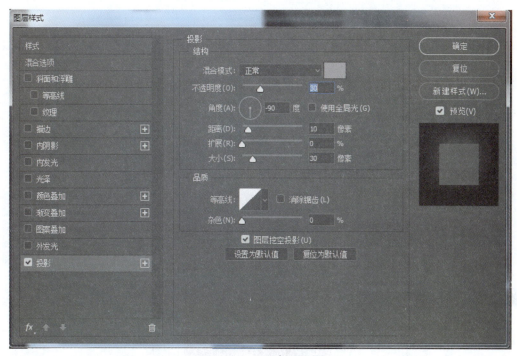

图 4-38　投影参数设置

图 4-39　购物车页面最终效果

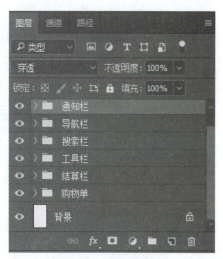

图 4-40　"图层"面板

能力拓展

① 根据移动界面的规范，绘制 iOS 和 Android 平台下的其他 App 页面，如图 4-41 和图 4-42 所示。

图 4-41　CONCISER 其他页面 1

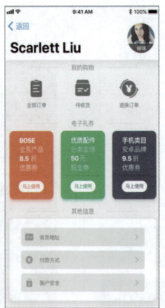

图 4-42　CONCISER 其他页面 2

② 请完成任务一中的学校"智慧党建 App"的交互界面设计。

任务三　制作电商移动端界面

课前学习工作页

（1）扫一扫二维码观看相关视频

电商移动端实操演示

电商移动端制作规范及过程

（2）完成下列操作

① 在淘宝或天猫的网页端搜索喜欢的某一品牌的服装、服饰、鞋类等图片，在 Photoshop 中完成素材的处理。

② 试着制作移动端的首屏页面，文案自定。

课堂学习任务

凯源网络科技有限公司承接了某电子商务公司的某欧美品牌女装的移动端界面设计，设计部小蓝主要负责该服饰品牌的移动端设计。该公司的定位是高端服装品牌，风格定位在欧美大牌女装类，通过对公司产品的分析及竞品分析，小蓝决定在设计的色调和品牌调性上采用偏向高端和奢华风格，移动端首页最终的设计效果如图 4-43 所示。

学习目标与重难点

学习目标	学习电商移动端界面的设计方法，完成移动端店铺设计
学习重点和难点	电商移动端的整体设计规范（重点）
	电商移动端的设计方法（重点）
	电商移动端用户体验效果的把控（难点）

图 4-43 欧美品牌女装移动端首页

任务分析

本任务主要制作服饰品牌移动端界面，由于该电商公司主营欧美大牌女装，因此风格需定位在高端和奢华，如何用视觉表现服饰类的品牌调性，在设计时需要从这个思考点引入，再利用现代时尚的顶部打光法，深色渐变拍摄背景，加上高冷欧美模特的元素搭配，体现产品的高端和奢华。在设计时遵循移动端的整体设计规范，从场景搭建，到最后所有产品的移动端界面制作方法。本任务主要利用形状工具组、文字工具、图层样式、剪切蒙版等完成电商移动端界面的设计。

相关行业规范与技能要点

1. 电商设计的趋势

① PS 合成风格。利用多个素材，通过调整光影、色调、透视等操作，完成图片的合成视觉效果和主题表现，如图 4-44 所示。

图 4-44　创意合成效果图

② 3D 立体效果风格。通过 Cinema 4D、3ds Max、Maya 等 3D 模型制作软件，从开始的模型建造，材质添加，光影渲染完成最终的立体效果图，如图 4-45 所示。

③ 手绘效果风格。通过 Wacome-671 数位板，用 Photoshop 软件对画笔调整压感，从开始的手稿、上色、光影，绘制出所需要的场景和素材，搭建整个手绘风的视觉效果，如图 4-46 和图 4-47 所示。

图 4-45　Cinema 4D 建模渲染效果图

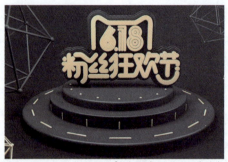

图 4-45 Cinema 4D 建模渲染效果图（续）

图 4-46 Wacome-671 数位板手绘厚涂初图

图 4-47 Wacome-671 数位板手绘厚涂成品图

2. 用户体验

（1）体验过程

移动端购物下单时间比较：

手机端：开锁——打开 App——搜索——下单（最快下单时间 1 min）。

电脑端：开机——打开网页——登录——搜索——下单（最快下单时间 3 min）。

先忽略筛选环节，用手机端下单至少比 PC 端节省三分之二的时间。灵活、便捷、自由、随时随地都可以买买买是手机超越 PC 的重要因素。

（2）视觉体验

如图 4-48 ～图 4-50 所示的手机端页面，从视觉角度上看，排版文字太小，字体模糊不清，容易产生疲劳，导致用户失去兴趣，因此从用户角度来说是不理想的。

图 4-48　体验示意图 1

图 4-49　体验示意图 2

图 4-50　体验示意图 3

再看图 4-51 ～图 4-53，这 3 张图文字和内容清晰明了，一眼能看出重点和主题，从体验上是很舒适的。

（3）尺寸规范

移动端页面的搭建过程和相关尺寸规范如下：

① 新建宽度为 640 像素（不同的手机展示会自动适应屏幕的大小和分辨率）的画布，高度任意（在此设置高度为 2 000 像素），分辨率为 72 像素 / 英寸，如图 4-54 所示。后期若界面高度超出，可按【Ctrl+Alt+C】组合键调整画布大小，修改画布高度，如图 4-55 所示。

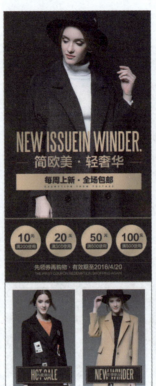

图4-51 规范示意图1　　　　图4-52 规范示意图2　　　　图4-53 规范示意图3

图4-54 新建移动端界面大小

项目四 交互界面设计

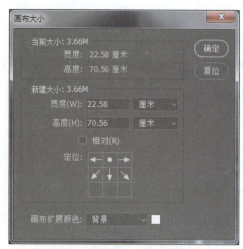

图 4-55　画布高度调整

② 设计时的尺寸规范。

建立辅助线，保证左右的预留像素为 30（按快捷组合键【Ctrl+R】可以隐藏显示辅助线）。每个模板图片的高度建议不要超过 1 080 像素。如图 4-56 所示。

图 4-56　尺寸规范说明

（4）文字规范

① 字体大小：18号字（勉强看清）24号字（看得清）30号字（看得很清楚）。

② 文字应用：微软雅黑（细）微软雅黑（粗）STEELFISH（英文）。

任务实施

01 新建移动端画布大小。打开 Photoshop CC 软件，新建一个宽度为 640 像素、高度为 2 000 像素的空白文档，保存为"手机端.psd"。

02 新建参考线。选择"视图"→"新建参考线"命令，新建两条垂直参考线：30 像素和 610 像素。

03 绘制矩形用于放模板图片。选择矩形工具，绘制一个宽度为 640 像素、高度为 1080 像素的矩形，填充色为黑色，如图 4-57 所示。

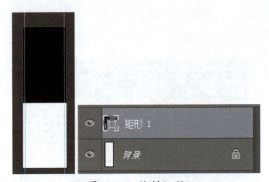

图 4-57　绘制矩形

拖入模特图片"模特.jpg"，调整好模特的位置和大小（按【Ctrl+T】组合键可以自由变换大小，按住【Shift】键等比例缩放）。确定位置大小后，按【Ctrl+Alt+G】组合键（剪切蒙版）将模特只显示在矩形以内，如图 4-58 所示。

图 4-58　绘制剪切蒙版

为了使模特看上去更为自然,给模特底部添加素材"纹理1.jpg"的纹理效果,感觉模特是站在墙后面拍的,整体效果看起来就更自然,如图4-59所示。

图4-59 添加纹理效果

04 制作优惠券。用椭圆工具绘制出一个白色的圆,单击"图层"面板中的"添加图层样式"按钮,添加"渐变叠加"样式,填充渐变的颜色及各项设置如图4-60所示。

图4-60 添加渐变叠加图层样式

在相应位置绘制黑色的圆角矩形,再用文字工具输入相应的文字,选定该步骤中的所有图层,并按【Ctrl+G】组合键新建组,重命名组为10。复制3个组,并重命名组为20、50、100,移动组到合适位置,修改相关文字内容(选择4组对象,单击"水平居中分布"),如图4-61所示。

图 4-61 优惠券的制作

05 在首屏模特上添加文案。使用文字工具输入想要的文字和选择适合的字体，如图 4-62 所示。

添加渐变叠加的图层样式。复制优惠券的圆形渐变叠加图层样式，粘贴到需要添加图层样式的文案和底色色块上，按【Ctrl+G】组合键新建组，如图 4-63 所示。

图 4-62 添加文字

图 4-63 粘贴图层样式后的效果

此时的"图层"面板如图 4-64 所示。

项目四　交互界面设计

图 4-64　"图层"面板

06 添加分类模块。绘制分类模块中的矩形框和文字背景矩形框，如图 4-65 所示。再将模特拖入画布并剪切到矩形框内（运用剪切蒙版，快捷组合键为【Ctrl+Alt+G】），如图 4-66 所示。

图 4-65　绘制矩形框

图 4-66　将模特放入矩形框

在文字背景中添加相应文字，并设置文字的颜色，添加想要的文字，如图 4-67 所示。

159

图 4-67 添加文字后的效果

07 制作其他分类模块。后面的商品模块都是矩形工具配合文字工具完成的,有模特的就用剪切蒙版剪切到矩形中即可。用同样的方法,完成图 4-68 所示的商品部分。

图 4-68 商品部分效果

08 同样方法制作冬季热卖爆款部分的内容,如图 4-69 所示。

项目四　交互界面设计

图 4-69　商品模块完成图

能力拓展

图 4-70～图 4-75 所示是"伊韵儿"服装品牌的移动端设计效果，可参考该移动端效果图自由选择某品牌服装或者某品牌商品来设计移动端界面，要求符合移动界面的设计规范，视觉效果和用户体验效果好，文案合理。

图 4-70　"伊韵儿"首屏效果　　　　　　图 4-71　"伊韵儿"页面效果 1

图 4-72 "伊韵儿"页面效果 2

图 4-73 "伊韵儿"页面效果 3

图 4-74 "伊韵儿"页面效果 4

图 4-75 "伊韵儿"页面效果 5

职业素养聚焦

- **项目四 交互界面设计**
  - **App产品分析**
    - 以"学习强国"等优秀App为例来分析产品交互界面设计
    - 图标设计：中国红+中国特色字体
    - 启动页设计：传播中国优秀传统文化
    - 交互界面设计
      - 传承红色文化
      - 导航清洗、设计规范
      - 传递知识，价值引领
      - 加强学习动机，杜绝投机行为
      - 警示提醒，预防作弊
      - 心灵的洗礼、美感的享受
      - 坚定理想信念，植根家国情怀
      - 内容的思想性、新闻性、综合性、服务性
  - **图标设计**
    - 简洁时尚，易于识别
    - 大道至简，实干为要
    - 情感共鸣，建立信任
    - 抓住本质，风格一致
    - 抽象、简化，符号化典型文化象征元素
    - 服务产品，传播文化理念
    - 创新创意，满足个性化需求
  - **交互界面设计**
    - 遵守法律法规和行业设计规范
    - 传承中华优秀文化，传播正能量
    - 以用户为中心，服务人民美好生活需要
    - 坚守诚信，遵守商业秘密
    - 注重整体，关注细节
    - 弘扬工匠精神
    - 坚持原创、杜绝抄袭的价值引领
    - 数字化产品强国，产业强国
    - 践行UI设计师的社会责任担当

项目展示与评价

按照表 4-10 所示，对作品进行展示和评估。

表 4-10 项目评估表

职业能力	完成项目情况	存在问题	自评	互评	教师评价
图标绘制效果					
图标规范程度					
界面功能程度					
界面视觉效果					
界面规范程度					
用户体验效果					
团队协作能力					
自主学习能力					
沟通与交流能力					

注：
※ 评价结果用 A、B、C、D 四个等级表示，A 为优秀，B 为良好，C 为合格，D 为不合格。
※ 图标绘制效果主要从图标是否简洁、时尚、识别性强，风格是否统一，是否能很好表现品牌和产品特色，能否与用户产生情感共鸣，是否有创意等方面评价。
※ 图标规范程度主要从是否符合 iOS 和 Android 的图标尺寸、圆角等规范方面评价。
※ 界面功能程度主要从内容是否积极向上、是否能传播正确的价值观传播正能量，功能是否完整、功能细节处理情况，能否满足用户的需求等方面评价。
※ 界面视觉效果主要从导航是否清晰，风格是否一致，视觉效果是否精美、舒适，有没有关注细节方面的设计等方面评价。
※ 界面规范程度主要从是否符合 iOS 和 Android 的尺寸、字体规范等方面评价。
※ 用户体验效果主要从是否体现以用户为中心，是否易用好用等方面评价。
※ 团队协作能力主要从能否合作完成整个项目的 App 图标和页面的设计，团队成员分工是否合理等方面评价。
※ 自主学习能力主要从课前导学任务完成情况、素材搜索、参考设计内容等方面评价。
※ 沟通与交流能力主要从项目是否能达成用户的要求，项目开展过程中团队成员是否能准确表达设计思路等方面进行评价。

项目总结

本项目的任务一、任务二主要学习图标和移动界面的设计规范及制作技巧，掌握 iOS 和 Android 两大系统的图标尺寸、圆角大小等规范和移动界面的尺寸规范、字体规范、字体大小规范及设备的分辨率等,图标的设计要定位准确、简洁美观、易于识别,系列图标要风格一致,既要服务产品,也要传播理念,还要能引起用户共鸣,满足个性化需求。交互界面的设计导航清晰,功能完整,界面美观,给人以美的享受,交互功能易用、好用。

任务三主要学习电商移动端的制作规范和技巧,从规范的尺寸、间距、文字大小到对整体视觉效果、感觉调性和用户体验效果的把控,掌握电商移动端从开始的布局到最后完成的整个过程,并能制作适配通用机型的电商移动端的页面效果。

本项目学习了移动 App 的图标和交互界面设计。移动端是与用户打交道最常用的渠道,UI 设计师在设计时要遵守法律法规和行业设计规范,把握好设计内容,传播中华优秀文化和正能量,要以用户为中心,精心设计,践行 UI 设计师的社会责任担当,实现数字化产品强国和产业报国。

项目五

影楼后期处理

项目导读

在影楼人像后期修片中,通过剔除穿帮、修饰瑕疵、皮肤润饰、人物塑形、后期调色等操作使照片接近完美。本项目来源于尚美影楼的实际商业案例,通过3个实际案例,分别介绍个人写真照、婚纱照和证件照的修图方法,主要利用 Photoshop 中的各类工具完成影楼各类艺术照的后期处理。其中包括运用各类插件完成导图、液化、磨皮、调色等步骤。

岗位面向

本项目面向影楼后期设计师、修图师的工作岗位,其岗位职责是按样片标准,进行修片、调色、套版设计,要求熟练使用 Photoshop 软件进行照片的修图与调色、相册的设计与排版、照片的整理及分类等,要求积极向上,有较强的审美和色彩感知能力,能承受一定工作压力,有很强的责任心和团队合作精神。通过本项目的学习,将了解影楼的工作流程,熟练掌握修片、调色和排版技巧,能够解决客户提出来的修片要求,并能胜任影楼后期设计师、修图师岗位。

项目目标

知识目标	技能目标
◇ 掌握人像修片的流程 ◇ 掌握皮肤的修饰技巧 ◇ 掌握仿制图章工具、修复画笔工具、修补工具等修复工具 ◇ 掌握形体修饰技巧 ◇ 掌握色彩色调的调整	◇ 利用修复工具修复照片中的瑕疵和多余的景物 ◇ 利用液化工具修饰人物形体 ◇ 利用色彩调整命令调整照片的色调和色彩 ◇ 熟练 Photoshop 各类工具的使用
职业素养	素质目标
◇ 良好的审美能力 ◇ 较强的沟通和表达能力 ◇ 自主学习的能力 ◇ 团队协作的精神 ◇ 创新与创意思维	◇ 遵守法律法规 ◇ 保护隐私、肖像权和知识产权 ◇ 不恶搞图片、伤害他人 ◇ 感受美、鉴赏美、创造美 ◇ 劳动精神和服务意识

项目任务及效果

任务一　制作个人写真照　　任务二　制作婚纱照　　任务三　制作证件照

任务一　制作个人写真照

课前学习工作页

（1）扫一扫二维码观看相关视频

制作个人写真照过程　　人物皮肤及背景修复　　人物体形修饰复　　照片调色技法

（2）完成下列操作

① 打开一张个人生活照，完成人物照片的修复。

② 对修复后的个人生活照进行调色。

课堂学习任务

　　小刘在尚美影楼工作，要完成一套个人写真照的修图工作，根据客户要求，具体完成效果如图 5-1 所示。

项目五　影楼后期处理

图 5-1　个人写真照

学习目标与重难点

学习目标	学习影楼后期常用的修图方法和技巧
学习重点和难点	常用修图工具：污点修复画笔工具、修补工具、仿制图章工具等（重点）
	照片明暗调整技法（重点）
	照片风格调整技法（难点）

任务分析

从个人艺术写真照的构图、曝光、明暗、对比度和色彩倾向等因素进行分析，该照片构图基本合适，也没有明显的过曝和曝光不足，照片整体有点偏灰，对比不明显，裙子有明显的皱褶，人物皮肤偏暗，墙面太脏。本任务中主要利用曲线、色阶调整照片的明暗对比，用污点修复画笔、修补工具和仿制图章工具等修复皮肤、墙面和裙子，利用液化滤镜对人物形体、五官进行修饰，用可选颜色、色彩平衡、色相/饱和度等进行调色，最后用 USM 滤镜进行锐化。本任务主要利用污点修复画笔工具、修补工具、仿制图章工具、液化滤镜、调色工具完成照片的修饰。

相关行业规范与技能要点

1. 影楼工作流程

一般在大型影楼，从摄影到相册制作，影楼修图师主要完成瑕疵处理、色彩调整和特效处理工作任务。影楼具体工作流程如图 5-2 所示。

图 5-2 影楼工作流程

对于后期修图师,其工作一般都是流程化的,摄影师拍好照片后(拍摄的照片一般是用 RAW 格式),后期修图师一般按 RAW 格式→导出 JPG 格式→校色→粗修→磨皮→精修(注意光影和质感)→调色完成修片工作。

2. 影楼后期修片标准

(1)脸部及皮肤

① 皮肤:人物皮肤修细致,且有质感(可用磨皮滤镜)保留照片中正常的光影过渡。

② 纹路:处理眼袋、抬头纹、眼角皱纹及笑纹,要求自然不失真,视客人年龄而进行必要的修饰和淡化。

③ 双下巴进行收缩和淡化。

④ 眼睛:修饰、淡化眼袋、黑眼圈,两眼自然、一致。

⑤ 手:修饰斑点、褶皱、汗毛。

⑥ 牙齿:偏黄或黑,需适当减淡。

⑦ 假睫毛:脱落或翘起时修复或淡化痕迹。

⑧ 发型散乱:散落头发修掉。

⑨ 美目贴:修饰自然,和皮肤能自然融入。

⑩ 发卡:修饰过程中注意不要破坏头发纹理。

⑪ 腋窝:自然,线条不能生硬、突然,保留与人体结构的纹路。

注意:修饰面部缺陷,但大的痣必须保留,如有大的伤疤及瑕疵无法确定是否处理时,可询问客户是否修饰。

(2)服装

剔除穿帮,如衣服外露的别针、内衣外露、衣服中不自然皱纹、毛边与破损、线头。

(3)背景

脏点、背景布褶皱、背景布的破损、脚印、折痕、画面中的杂人杂物、穿过人体的线条、树等,与照片主题、意境不符的景物等。

3. 影楼后期修片的一般步骤和技法

由于拍摄环境和人物自身的原因,拍摄的人像照片或多或少存在一些问题,如构图不恰当、人物变形、照片曝光不足或曝光过度,对比度不强、偏色等。利用

Photoshop 可以调整人像照片的构图、修饰人物色调、人物皮肤及五官的精修、皮肤的磨皮与美白，照片风格的调整等，从而打造出完美的人像效果。针对不同的人像照片，其处理的步骤顺序可以颠倒，但内容不可少。

① 分析照片。仔细观察照片，观察曝光是否合适、对比度是否清晰、白平衡（色彩偏向）是否正常、构图是否完美等问题。

② 照片重新构图。如果照片整体构图不完美，使用裁剪工具或者镜头校正滤镜，对照片进行重新构图，使人物更加完美地呈现在画面中。

③ 校色。校色分两步，首先是校正黑白场，将欠曝或过曝的照片调整至正常（可通过直方图观察），调整画面曝光和对比度可使用曲线或者色阶，也可使用图层混合模式。其次是找出照片中的灰点，还原灰点将色彩调整正常，在找不到灰点时以还原人物的正常肤色为基准校色，校正画面白平衡可以使用"曲线""色彩平衡"等调色命令或者调色调整层。也会使用 Camera Raw 滤镜还原照片最真实的颜色。

④ 粗修。修饰较明显的穿帮或瑕疵，可利用污点修复画笔或者修补工具修饰。

⑤ 精修。经常会用到磨皮插件 Portraiture 进行磨皮。也可利用仿制图章工具，可以结合其他修饰工具精修人物皮肤及五官，更容易修饰出皮肤的光影效果。

⑥ 修饰人物形体。主要利用液化滤镜修饰人物形体，修饰出形体的曲线美。

⑦ 调色。颜色的调配要符合照片主题及内容的要求。

⑧ 调整画面层次细节。快速蒙版制作选区，调色命令、调整层来调整层次。

⑨ 局部色彩调整。快速蒙版制作选区，用调色命令、调整层来调整颜色（"曲线"+选区可选颜色、"色相/饱和度"命令用来调整颜色都非常好用）

⑩ 风格色调调整。利用调整层整体添加风格色调。

⑪ 存储。保存为 PSD 和 JPG 文件。

4. 影楼后期常用修图技法

① 污点修复画笔工具：主要利要该工具中的内容识别功能，修饰画面中小面积较严重区域，如痘痘、斑点、细发丝、小痣等杂质。

技巧：画笔大小调整为比要修复的污点大一点点即好；硬度设置为 50% 左右；间距 25%（默认值）。在属性栏中的类型为"内容识别"，在杂点处单击或沿细长杂质区域拖动，如果修复后还有痕迹可以重复一次。

② 修补工具：用于修饰画面较大面积的、比较严重的破损或者脏点更便捷。如大面积的穿帮，小的瑕疵一样可以用修补工具。

技巧：圈选要修补的区域，拖到附近没有瑕疵的合适区域，如果修补后还有痕迹，则用仿制图章工具再修复一下。

③ 仿制图章工具：用来修饰相对较弱的瑕疵区域。

技巧：仿制图章工具设置成柔角画笔，流量设置 100，取消选中仿制源中的"显示叠加"复选框。如果修饰的是人像皮肤，不透明度一般设置在 30% 左右，如果修饰的是背景和穿帮，则不透明度经常设置为 40%、50% 或 70%，经常会根据照片的不同而进行更改。

如果在原图修饰，样本选择当前图层；如果想保护原图，可以新建图层，然后在样本中选择当前和下方图层，在新建图层中进行修饰。

④ 选区工具：辅助修补工具、污点工具、图章工具进行精确修。

⑤ 复制补贴法：对于一些瑕疵大、复杂等特别难修的地方，可用复制选区补贴法来修补，最后通过图层蒙版涂抹边缘相接的地方。

5. 照片明暗的调整技法

人像拍摄时经常会出现曝光问题，或者曝光不足（照片偏暗），或者曝光过度（照片过亮），或者对比度不够（画面偏灰）导致画面雾蒙蒙没有细节层次。

① 色阶：一般用来调整明暗和对比。观察直方图，直方图横轴是表示图像从暗部到亮部的变化，纵轴是表示每个亮度级别中所含有的像素数。

② 曲线：可以调整明暗、对比以及颜色的倾向。对角线的最下方是暗部区域，最上方是亮部区域，中间部分是中间调。

③ 利用图层混合模式调整曝光及对比度。

正片叠底：用来调整偏亮的照片。

滤色：用来调整偏暗的照片。

叠加：用来调整对比度不足的照片。

④ 利用 Camera Raw 滤镜来调整曝光。

6. 影楼流行的调色风格

① 梦幻风格：是婚纱、个人写真照常用的风格，其特点是模糊神秘，如梦幻般仙境。

② 日韩风格：也是婚纱、写真照常用的风格，其特点是暗部冷色，亮部暖色。日范风格中的色彩柔和温暖，暗部冷调，亮部暖调；韩范风格画面中各种色彩都比较鲜艳，尤其是画面中人物的服装服饰。

③ 素雅风格：时尚写真居多，其特点是低饱和度，弱对比，但画面干净，这种素雅风格高端大气上档次。

④ 性感风格：女性写真较多，其特点是大胆暴露。

任务实施

01 打开文件"个人写真.jpg"。

02 调整照片整体的明暗对比。复制"背景"图层（快捷组合键为【Ctrl+J】），在"图层"面板下方,单击"创建新的填充或调整图层"下拉列表中的"色阶"按钮,即创建一个色阶调整图层,观察色阶直方图,发现黑色缺失,将色阶直方图左边的滑块往右拖动至图 5-3 所示的位置。添加曲线调整层,调整照片的亮度,如图 5-4 所示。

图 5-3　色阶直方图

图 5-4　调整色阶

由于该照片只需调整人物的亮度,因此选择曲线图层的蒙版,反相(快捷组合键为【Ctrl+I】),设置画笔的不透明度为 40%、流量为 40%、画笔硬度为 0%,画笔大小按实际而定,用白色画笔把人物擦出来,只提亮人物。图层设置如图 5-5 所示,效果如图 5-6 所示。最后盖印图层(快捷组合键为【Ctrl+Alt+Shift+E】)。

图 5-5　"图层"面板

图 5-6　对比度调整效果

03 皮肤修饰。由于该照片皮肤相对比较干净,只需要进行一些简单处理即可,先用污点修复画笔工具去掉大的瑕疵,然后用仿制图章工具进行皮肤修饰。

① 对于皮肤中的小瑕疵可选择污点修复画笔工具 ![icon]，注意属性设置：选择柔角画笔，大小按实际而定，类型选内容识别，在皮肤有斑点的地方单击，或沿着有发丝等细长瑕疵的地方拖动。也可以新建图层，勾选"对所有图层取样"复选框，可以在新图层上修复瑕疵而不影响原图。对于较大的瑕疵，则可选择修补工具 ![icon]，属性设置默认值即可，修补工具不适用于新建图层修复瑕疵。

② 对于肤色不均匀的区域，可选择仿制图章工具 ![icon]，设置不透明度为30%、流量为30%、画笔硬度为0%，画笔大小按实际而定，对肤色进行过渡处理。

③ 对于发令纹、脸上局部油光等区域，可利用修补工具圈出拖至肤色较好的地方，不取消选区，选择"编辑"→"渐隐修补选区"命令（快捷组合键为【Shift+Ctrl+F】），渐隐透明度大小按实际情况而定，这样可以保留隐约一点发令纹，让修复更为真实。"渐隐"对话框如图5-7所示。磨皮效果对比如图5-8所示。盖印图层。

04 裙子褶皱的处理。选择修补工具，属性设置为默认值，把裙子上大块的褶皱圈走之后，裙子上会出现颜色不均匀的现象，再用仿制图章工具，对颜色进行过渡处理修改。效果对比如图5-9所示。最后盖印图层。

图5-7 "渐隐"对话框

图5-8 脸部修饰效果对比

图 5-9 处理褶皱后的效果

05 墙壁杂质的修复。水管以下的部分，修复操作同上一步，用修补工具及仿制图章工具对墙壁上的杂质进行去除。盖印图层。选择"滤镜"→"模糊"→"高斯模糊"命令进行柔化处理，设置模糊半径为30，如图 5-10 所示。单击"确定"按钮，为模糊图层添加图层蒙版，反相，设置画笔的不透明度为50%、流量为50%、画笔硬度为0%，画笔大小按实际而定，用白色画笔把水管下的墙壁擦出来，只显示一部分，效果如图 5-11 所示。盖印图层。

06 水管以上的部分修复。用矩形框选工具在画面中框选一块干净的墙壁。复制选区（快捷组合键为【Ctrl+J】）。通过自由变换操作，让干净墙壁尽量覆盖有瑕疵的墙壁，添加反向蒙版，用画笔对瑕疵部分进行覆盖，效果如图 5-12 所示。

图 5-10 "高斯模糊"对话框

图 5-11 墙面修复效果

图 5-12 墙面修复整体效果

07 人物体型及五官的修饰。选择"滤镜"→"液化"（快捷组合键为【Shift+Ctrl+X】）

命令，选择向前推进工具，"画笔大小"根据液化时所需的大小来进行设置，"画笔压力"最好设置在 1～20 范围内，其他属性为默认值，设置如图 5-13 所示。最后根据实际情况和个人审美对照片中的人物五官、形体进行液化，最好能显示出女性的曲线美。液化效果如图 5-14 所示。

图 5-13　液化滤镜属性设置

图 5-14　液化滤镜效果对比

08 人物肤色的调整。由于人物肤色不均，所以这一步是初步统一肤色。在图层窗口创建一个曲线调整图层，调整照片的亮度，如图 5-15 所示。添加反向蒙版，用白色画笔对人物皮肤较暗的地方进行涂抹，如腿部、胳膊和脖子等。

09 整体调亮肤色。在图层窗口创建一个可选颜色调整图层，属性中颜色选择黄色，把黄色中的"青色、洋红、黄色"的值设置为 -100%，如图 5-16 所示。选择曲线图层的蒙版，反相，用白色画笔把皮肤部分擦出来。盖印图层，皮肤调整效果对比如图 5-17 所示。

项目五　影楼后期处理

图 5-15　调整照片亮度

图 5-16　整体调亮肤色

10 对照片整体做柔化处理。选择"滤镜"→"高斯模糊"命令，模糊半径为 10，如图 5-18 所示。更改图层的混合模式为"柔光"，然后把图层不透明度设置为 20%，模糊程度以看不清脸部即可。

图 5-17　肤色调整前后对比图

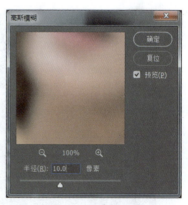

图 5-18　柔化照片

11 去除照片中多余的杂色。本任务将照片调成暖色调，因此照片中的蓝色、青色、绿色可视为杂色。在图层窗口创建一个色相/饱和度调整图层，单击"属性"面板中的 按钮，即可在照片中吸取相应的颜色，最后得到蓝色、青色、绿色，将其饱和度都设置为 –100。

12 为照片添加阳光效果。在"图层"面板创建一个"照片滤镜"调整图层，在其"属性"面板中选择"滤镜"下拉列表中的"加温滤镜（85）"，浓度设置为 35%，如图 5-19 所示。单击图层蒙版，反向。选择渐变工具，在"渐变编辑器"对话框中选

177

择"前景色到透明渐变",前景色设置为白色,如图 5-20 所示。在照片滤镜的蒙版中为照片的左上角添加渐变填充,"图层"面板如图 5-21 所示。最后盖印图层。

图 5-19 照片滤镜设置

图 5-20 设置渐变填充

⑬ 锐化处理。USM 锐化:选择"锐化"→"USM 锐化"命令,数量设置为 54%、半径为 4.5 像素、阈值为 0 色阶,如图 5-22 所示。

图 5-21 "图层"面板

图 5-22 "USM 锐化"对话框

也可用高反差保留来锐化皮肤:选择"滤镜"→"高反差保留"命令,半径调至画面中出现线条为合适,图层混合模式设置为线性光。

能力拓展

选择一张生活照,完成照片的修图,并实现不同风格的后期处理,如梦幻风格、日韩风格、唯美高冷风格、素雅风格等。可调出图 5-23 所示的风格效果，也可尝试其他风格的调色。

图 5-23　个人写真

任务二　制作浪漫婚纱照

课前学习工作页

（1）扫一扫二维码观看相关视频

Camera Raw 滤镜调色技法

Portraiture 插件磨皮技法

制作婚纱照过程及方法

(2)完成下列操作

① 打开一张照片,用 Camera Raw 滤镜修图和调色。

② 安装 Imagenomic Portraiture 插件,并用该磨皮插件磨皮。

课堂学习任务

小刘本次的修图任务是要完成一套婚纱照的修图,选取影楼中经常使用的另一种修图方法:Camera Raw 滤镜和 Imagenomic Portraiture 磨皮插件,具体完成效果图如图 5-24 所示。

(a)原图

(b)效果图

图 5-24 婚纱照修图

学习目标与重难点

学习目标	学习影楼中常用的 Camera Raw 滤镜、Imagenomic Portraiture 磨皮插件完成照片修图和调色,实现照片后期艺术效果
学习重点和难点	Camera Raw 滤镜的使用(重难点)
	Imagenomic Portraiture 磨皮插件的使用(重点)

任务分析

该婚纱照是由影棚拍摄的 RAW 文件导出的 JPG 文件,该照片曝光基本没什么问题,也不怎么偏色,但人物妆底太厚太白,婚纱很白,头发细节缺失,背景布皱褶且穿帮严重。本任务中主要利用 Camera Raw 滤镜还原照片,利用复制粘贴、修补及仿制图章来修补画布穿帮,利用污点修复画笔修复明显的瑕疵,用修补和仿制图章等工具修复假睫毛,用 Portraiture 滤镜磨皮,利用"液化"滤镜对人物形体、五官进行修饰,最后用"USM"滤镜进行锐化。

相关行业规范与技能要点

1. Adobe Camera Raw 滤镜

Adobe Camera Raw(ACR)是 Adobe 公司旗下的照片 RAW 文件处理器,是 Photoshop CC 2021 中内置的滤镜。该插件的功能是解码、编辑和储存 RAW 文件,拥有非常强大的整体调整、局部处理、预设和批处理、储存选项等功能,其界面如图 5-25 所示。

图 5-25 Camera Raw 滤镜

使用 Camera RAW 的优点如下:

① 不会损坏原始图像数据。

② 在高位深状态下处理图像。
③ 更少噪点，更少不自然感。
④ 可以调整白平衡、曝光、颜色渲染等，有更大的后期处理空间。

2. 用 Camera Raw 滤镜修图的一般流程

（1）审视整体照片效果

照片的构图、色调是否合适；照片是否区域过曝和欠曝（精细调整曝光）；照片是否在边缘有不需要的物体（微调构图）；照片的噪点哪里最多（针对性降噪处理）；照片是否合焦（锐化和清晰度调整）；照片上有没有脏点和眩光（去除瑕疵，修复细节）等。

（2）初步调整

观察照片，然后进行构图修正。单击调整面板中的"几何"选项，展开"几何"选项面板。该面板提供了自动转换功能和手动转换功能，如图5-26所示。

图 5-26 "几何"选项面板

① 自动转换功能如下：

自动 A：应用平衡透视校正。

水平 ：仅应用水平校正。

纵向 ：应用水平和纵向透视校正。

完全 ：应用水平、横向和纵向透视校正。

通过使用参考线 ：绘制两条或更多参考线，以自定义透视校正。

② 手动转换功能提供了垂直、水平、旋转、长宽比、缩放、横向补正和纵向补正功能滑块来进行构图校正。

（3）基础调整

在基本调整面板中调整色调、明暗和色彩表现。

① 白平衡：提供了自动校正白平衡工具 ，也提供了与相机内白平衡类似的预设，以便快速更改照片色调。

色温：校正照片黄/蓝偏色。

色调：校正照片偏紫/偏绿。

调整方法：照片偏某种颜色，只需要向该颜色的反方向滑动滑块。比如照片偏黄，就将色温向蓝色调整；照片偏紫，就将色调滑块向绿色方向调整。

② 曝光/对比度：用于控制照片整体明暗。

曝光：画面整体（所有地方）提亮或压暗。

对比度：用于提高和降低画面对比度。提高对比度，会让最亮和次亮部分更亮，阴影和最暗处变暗，也就是提高画面对比度。反之就会让亮部变暗，暗部变亮，减少对比度。

③ 高光/阴影：这两个滑块可以控制照片局部亮度，分别控制照片中亮部和暗部的亮度。

④ 白色/黑色：分别控制照片中最亮区域和最暗区域的亮度。

⑤ 清晰度：用于表现照片的细节和层次。

⑥ 饱和度/自然饱和度：提升/降低照片色彩的鲜艳度，与饱和度相比，自然饱和度更加智能，它会对黄色和绿色区域进行保护，即是当大幅度更改数值时，黄色的鲜艳程度不会被提高太多，由此来保护人物皮肤、风景照中的绿叶等区域的表现。

（4）全局调整

在编辑调整面板中选择相应功能调整（如曲线调整、细节调整、混色器等）进行相应的各种处理。

（5）局部调整

选择工具栏中后半部分的工具 ，可以修复瑕疵、局部调整、添加滤镜等。

3. Imagenomic Portraiture 插件

Imagenomic Portraiture 是 Photoshop 的一款插件，其界面如图 5-27 所示。该磨皮方法比较特别，系统会自动识别需要磨皮的皮肤区域，也可以自己选择磨皮区域。该操作用于人像图片润色、磨皮等，减少了人工选择图像区域的重复劳动。它能智能地对图像中的皮肤材质、头发、眉毛、睫毛等部位进行平滑和减少疵点处理。然后用阈值大小控制噪点大小，调节其中的数值可以快速消除噪点。同时这款滤镜还有增强功能，可以对皮肤进行锐化及润色处理。一次磨皮效果不满意可以多次磨皮。

细节平滑：主要控制噪点范围。

肤色蒙版：主要控制皮肤区域及颜色等，可以用吸管 吸取需要磨皮的区域。

增强功能：可以对整体效果进行锐化、模糊、调色等操作。

图 5-27 Imagenomic Portraiture 磨皮插件

4. "液化"滤镜

人物形体的美感指的是人物的线条美。液化固然是修饰人物形体最好用的命令，但不能做全部的工作，有时还要结合"自由变换"命令修饰人物的身体比例。

"液化"滤镜的使用技巧：

① 液化工具一般将画笔压力设置为 50 左右，压力不要太大，否则很难把握该工具，如果压力太小，效果又不明显。

② 画笔大小一定要合适，否则液化时会凹凸不平，调整整体时放大画笔，调整细节时缩小画笔。

③ 可用套索工具圈出形体的一部分进行调整，以免计算机运算太慢。

④ 尽量不用液化工具画笔的十字加号去推，十字加号处的压力最大。用画笔圈往里推即可，此处压力小，而且比较柔和。

⑤ 褶皱工具用来收小腹，一般把画笔调到跟小腹一样大，单击即可。

任务实施

01 打开"婚纱照 .jpg"文件。

02 把照片还原到最真实的状态。复制"背景"图层(快捷组合键为【Ctrl+J】)。选择"滤镜"→"Camera Raw"命令,在"Camera Raw"对话框中进行初步设置,本婚纱照不怎么偏色,由于婚纱很白,初调时将高光稍稍压暗,先显示出婚纱的质感,再把阴影提亮显示出头发的细节,最后调整黑色,还原背景黑色。在明亮度中提高橙色和黄色,还原皮肤颜色,具体设置如图 5-28 所示。

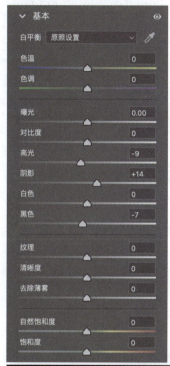

图 5-28　照片在 Camera Raw 滤镜中的初步设置

03 形体修饰。复制并合并所有图层(快捷组合键为【Shift+Ctrl+E】)。选择"滤镜"→"液化"命令(快捷组合键为【Shift+Ctrl+X】),在"液化"滤镜对话框中选

择向前变形工具 ，在"画笔工具选项"的"大小"中根据液化时所需的大小进行设置，该人物要修饰的形体不多，"压力"最好设置在 10 ～ 50 范围内。最后根据实际情况和个人审美对照片中的人物进行液化（此处改变腰、肩膀等部位、微调五官等）。该照片在"液化"滤镜对话框中的设置如图 5-29 所示。

图 5-29 "液化"对话框

04 修复背景穿帮。复制并合并所有图层。选择矩形工具 ，框选图 5-30 所示的部分进行复制，把框选的部分移动到左边以覆盖穿帮部分，如图 5-31 所示。在该图层上添加反向蒙版，使用白色画笔工具在蒙版中涂抹背景穿帮的部分，进行背景修复。合并图层后如果还有小瑕疵可用修补工具、仿制图章工具进行背景修复。复制并合并所有图层，效果如图 5-32 所示。

图 5-30 照片框选部分

图 5-31 移动框选部分

图 5-32　部分背景修复效果

用同样的方法完成背景其他穿帮部分的修复，效果如图 5-33 所示。

图 5-33　背景修复完整效果

05 修复皮肤上的瑕疵及其他杂质。按快捷组合键【Ctrl+J】复制图层。首先利用污点修复画笔工具、修补工具、仿制图章工具把照片中的各种杂质进行清除，如背景布上的皱褶、脸上的痘痘、衣服的线头、脸上的碎发丝等。修补工具的各种属性按默认值即可。

06 再完成假睫毛的修复。用修补工具圈选假睫毛，按快捷组合键【Shift+F5】进行填充，在内容下拉列表中选择"内容识别"，进行修复。如果还有效果不太好的地方用仿制图章工具或修补工具继续修复即可，效果如图 5-34 所示。

图 5-34　假睫毛修复前后对比

07 用仿制图章工具修复比较明显的黑眼圈和眼角明显的皱纹，效果如图 5-35 所示。再新建一图层，吸取额头没有白色粉底的棕色头皮颜色，用柔角画笔在额头上白色粉底重的地方涂抹，并适当降低图层的透明度，让白色粉底重的地方接近真实效果，如图 5-36 所示。

图 5-35　瑕疵修复前　　　　　　　　图 5-36　瑕疵修复效果

08 人物磨皮。复制并合并所有图层。选择"滤镜"→"Imagenomic"→"Portraiture"命令，滤镜中的各种参数可参考图 5-37（也可以按默认值）。参数设置好后，选择吸管工具，单击照片中女生的脸颊处（相近肤色的任意位置亦可），进行拾取蒙版颜色操作。若效果不满意，则重复上一步，吸取其他位置的皮肤，直到效果满意为止。

图 5-37　Portraiture 滤镜的界面与参数设置

09 在 Portraiture 滤镜处理过的图层上添加蒙版,选择白色画笔在不需要磨皮的地方进行涂抹(脸部五官一般不要进行磨皮操作)。盖印图层,观察整体效果,若皮肤还没达到干净光滑的效果,可重复前面的步骤,达到效果为止。

10 利用仿制图章工具修复眼角细纹和皮肤太亮区域。由于该女生粉底太厚太白,可以用曲线压暗一点点,如图 5-38 所示。

图 5-38　压暗皮肤

11 皮肤调色。盖印图层。先观察人物的肤色,发现脸部跟身体的肤色存在明显差距,胸前跟手臂的肤色比较暗(尤其是手臂),接下来对这部分皮肤进行调整。在"图层"面板中单击"创建新的填充或调整图层"下拉列表中的"可选颜色"按钮,即新建"可选颜色"图层。选择与肤色相近的黄色,把黄色属性中的"青色、洋红、黄色"的数值全部调至 -100%,设置如图 5-39 所示。把蒙版进行反向(快捷组合键为【Ctrl+I】),选择画笔工具,设置不透明度为 30%、流量为 40%、画笔硬度为 0%,画笔大小按实际而定,在皮肤颜色稍微深色的地方(如手臂、脖子处的阴影等)进行涂抹,提亮肤色。进行完这个操作之后,将整个"可选颜色"图层的透明度调至 65% 左右,让肤色更为自然。

12 调整照片整体明亮度。盖印图层。打开"Camera Raw"对话框(快捷组合键【Shift+Ctrl+A】),单击调整选项栏中的"HSL/灰度"按钮,分别调整明亮度,参数设置如图 5-40 所示。

13 还原照片中部分颜色。在刚才处理过的图层上添加蒙版,进行反色。选择画笔工具,设置不透明度为 30%、流量为 40%、画笔硬度为 0%,画笔大小按实际而定,按需要在皮肤颜色稍微深色的地方进行涂抹。

图 5-39　可选颜色参数

图 5-40　调整明亮度

14 对脸部整体效果进行最后修饰。合并所有图层，进一步对脸部整体的瑕疵再处理一次，如黑眼圈、眉毛、脸泛油光等问题。因每个人的审美不同，所以对所谓"瑕疵"的定义也不一样，如利用仿制图章工具进一步修复黑眼圈，切记不要完全去掉黑眼圈，否则会显得有违和感。脸部整体处理效果对比如图 5-41 所示。

15 法令纹的修复。先用套索工具或钢笔工具选择嘴角的法令纹区域，再用仿制图章工具进行修复。嘴角上面的法令纹用修补工具修复，在不取消选区的前提下，选择"编辑"→"渐隐"命令，适当降低透明度，让法令纹显示出一点点痕迹即可。

图 5-41　脸部整体处理效果对比

16 使用 USM 锐化滤镜清晰照片，最后保存为"婚纱照 .psd"和"婚纱照 .jpg"。

项目五　影楼后期处理

 能力拓展

收集一张未处理过的或是对效果不太满意的婚纱照，使用 Camera Raw 滤镜和 Imagenomic Portraiture 滤镜完成照片的修图和调色，并实现梦幻风格的后期处理。

任务三　制作证件照

 课前学习工作页

（1）扫一扫二维码观看相关视频

照片的批处理方法　　　通道抠图技法　　　制作证件照过程

（2）完成下列操作

① 处理自己的一张证件照。
② 更换证件照的背景颜色。

 课堂学习任务

小刘在本任务中要完成的是 1 英寸证件照（旧称 1 吋证件照）的修图和排版，如图 5-42 和图 5-43 所示。

　　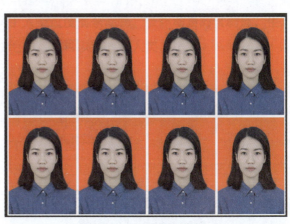

图 5-42　红底证件照　　　　图 5-43　证件照的排版

191

学习目标与重难点

学习目标	利用修图工具、Camera Raw 滤镜完成证件照的修图和排版
学习重点和难点	Camera Raw 滤镜工具调色（重点）
	Portraiture 滤镜磨皮（重点）
	常用修图和调色命令的应用（重点）
	Photoshop 中动作的应用（难点）

任务分析

通过证件照原图进行分析，原照片眼睛模糊，背景不是纯白色，有投影，本任务中主要对该证件照进行修图，并设置成 1 英寸照。本任务主要利用"液化"滤镜对人物脸部进行修饰，用污点修复画笔工具、修补工具、仿制图章工具等完成去杂质的操作，如去除人脸的痘痘、痣等，用 Camera Raw 滤镜完成修图和调色。利用通道抠图的方法对背景颜色进行更换。

相关行业规范与技能要点

1. 证件照的尺寸

证件照的要求是免冠（不戴帽子）正面照片，照片上应该看到人的两耳轮廓和相当于男士的喉结处，照片尺寸可以为 1 英寸或 2 英寸，颜色可以为黑白或彩色。常用证件照规格尺寸见表 5-1。

表 5-1 常用证件照规格尺寸

标准规格	大小（cm）	一般用途
小 1 英寸	2.2×3.2	身份证、驾驶证。二代身份证上是 2.6 cm×3.2 cm
1 英寸	2.5×3.5	在 5 英寸相纸（12.7 cm×8.89 cm）中排 8 张
大 1 英寸	3.3×4.8	港澳通行证、护照、毕业证照、普通证件照
小 2 英寸	3.5×4.5	欧洲签证
2 英寸	3.5×4.9	在 5 英寸相纸（12.7 cm×8.89 cm）中排 4 张
大 2 英寸	3.5×5.3	
其他	—	美国签证 5.0 cm×5.0 cm，日本签证 4.5 cm×4.5 cm 结婚证 4.0 cm×6.0 cm

注：1 英寸 ≈ 2.54 cm。

2. 修图后照片的清晰方法

① 使用"USM 锐化"滤镜进行修图。

② 使用"高反差"滤镜进行修图。

3. Photoshop 中的批处理技巧

在用 Photoshop 处理照片时，会遇到要处理一批照片需要用重复的操作，为了提高工作效率，可用动作来完成。Photoshop 中的动作即是将所有的操作录制下来批量执行。操作步骤如下：

① 选择"窗口"→"动作"命令（快捷组合键为【Alt+F9】），打开"动作"面板。

② 新建动作。单击"动作"面板中的"创建新组"按钮 ，再单击"创建新动作"按钮 ，在组中创建一个新动作，设置动作执行的快捷键（功能键），单击"记录"按钮开始录制动作。

③ 开始录制。此时"开始记录"按钮 变成红色，在 Photoshop 中把要重复执行的操作按顺序进行操作记录下来。

④ 停止录制。操作完成后单击"动作"面板中的"停止播放/记录"按钮 。

⑤ 执行动作。打开要处理的照片，选择"动作"面板中的动作，单击"选定的动作"按钮 即可执行所有按顺序记录下来的操作。

任务实施

1. 1 英寸照片的修图

01 打开文件"证件照原图.jpg"。

02 还原照片的初始颜色。复制"背景"图层，选择"滤镜"→"Camera Raw"命令，由于照片有点偏灰，白色不白，因此在"Camera Raw"对话框中加大对比度，提亮白色，黑色压暗点，参数设置如图 5-44 所示。还原前后的效果对比如图 5-45 所示。

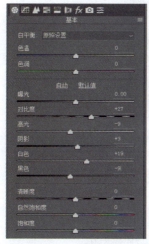

图 5-44 初步设置

图 5-45 还原前后的效果对比

03 调整人物形体。复制并合并所有图层。选择"滤镜"→"液化"命令，在弹出的对话框中，选择向前变形工具，在"画笔工具选项"中的"大小"根据液化时所需的大小进行设置，"压力"建议设置在 1～20 范围内。最后根据实际情况和个人审美对人物进行液化（如改变体型、微调五官等）。该照片在"液化"对话框中的设置如图 5-46 所示。

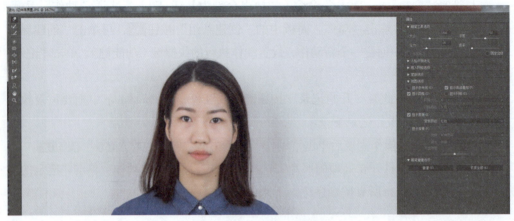

图 5-46 "液化"对话框

04 修复瑕疵和穿帮。复制并合并所有图层。选择污点修复画笔工具或修补工具，清除女生脸部的各种瑕疵，如痘痘、痣、黑眼圈、皱纹等（证件照对照片的真实度要求较高，照片的处理视情况而定，切勿过度美化），修补工具的各种属性按默认值即可。照片处理前后的效果对比如图 5-47 所示。

图 5-47 脸部处理前后效果对比

05 磨皮。复制并合并所有图层。选择"滤镜"→"Imagenomic"→"Portraiture"命令，滤镜中的各种参数设置请参考图 5-48 所示。参数设置好后，选择吸管工具，单击照片中女生的脸颊处（相近肤色的任意位置亦可），进行拾取蒙版颜色操作。若效果不满意，则重复上一步，吸取其他位置的皮肤，直到效果满意为止。

图 5-48 "Portraiture" 对话框

06 还原不需要磨皮的地方。在"Portraiture"滤镜处理过的图层上,添加反向蒙版。选择画笔工具,设置不透明度为30%、流量为40%、画笔硬度为0%,画笔大小按实际而定,在需要磨皮的地方进行涂抹(脸部五官一般不要进行磨皮操作)。

07 提亮较暗部分的肤色。复制并合并所有图层。现在开始调整皮肤颜色,先观察该图片中人的肤色,脖子上的肤色比脸上的肤色要暗,所以要对其进行调整。在"图层"面板中单击"创建新的填充或调整图层"下拉列表中的"可选颜色"按钮,即可新建"可选颜色"图层。颜色选择黄色,把黄色属性中的"青色、洋红、黄色"的数值全部调至 –100%。把蒙版进行反色。选择画笔工具,设置不透明度为30%、流量为40%、画笔硬度为0%,画笔大小按实际而定,在皮肤颜色稍微深色的地方进行涂抹。可选颜色参数如图 5-49 所示。

08 调整照片对比度。观察图片,照片中呈现出一种灰蒙蒙的状态,由于照片的对比度过低,通常出现这种情况会对照片的"色阶"属性进行调整。在"图层"面板中单击"创建新的填充或调整图层"下拉列表中的"色阶"按钮,即可新建"色阶"图层。把属性栏中间左边黑色的锚点往右移动,调至数值为14。再观察照片,照片的对比度明显出现了变化,去灰的效果明显。"色阶"属性参数如图 5-50 所示。

图 5-49 可选颜色参数

图 5-50 "色阶"属性参数

09 清晰五官（尤其是眼睛）。观察照片的清晰度，可发现人脸部分是模糊的（很多时候由于摄影师的操作失误，导致摄像的焦点没有落在重点上。如该照片的焦点落在其他地方，导致人像脸部是模糊的），所以要对照片做锐化处理。复制并合并所有图层。选择"滤镜"→"其他"→"高反差保留"滤镜，设置半径为 2.0 像素，如图 5-51 所示。将该图层的混合模式改为"线性光"。

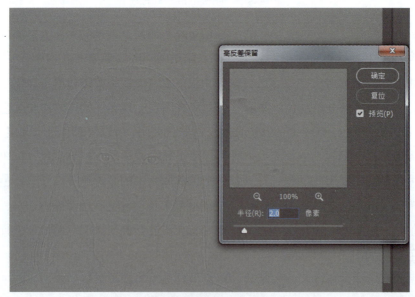
图 5-51 设置滤镜半径

10 处理头发。复制并合并所有图层。这一步完成头发之间空隙的填补，选择多边形套索工具，框选图 5-52 所示的头发部分，按快捷组合键【Ctrl+J】复制图层。把复制出来的头发放到左边，目的是修复露出背景的那一部分头发。移到相应的位置，按快捷组合键【Ctrl+T】自由变换图形，然后右击框选部分，选择"变形"命令，对复制出来的头发进行变形处理，效果如图 5-53 所示。确定之后，为该图层新建蒙版，对复制头发的边缘进行透明度的处理，让其更好地融合进去，效果如图 5-54 所示。

图 5-52 框选的头发部分

图 5-53 变形处理

图 5-54 头发处理效果

11 调整偏红肤色。复制并合并所有图层。观察照片，发现皮肤的颜色偏红，接下来对整体肤色进行调整。选择"滤镜"→"Camera Raw"命令，单击"HSL/灰度"按钮，分别调整色相和饱和度，参数设置如图 5-55 和图 5-56 所示。

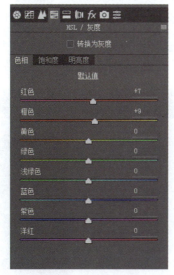
图 5-55 调整色相

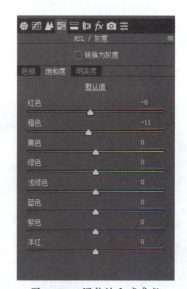
图 5-56 调整饱和度参数

12 更换背景。复制并合并所有图层。以上步骤已基本完成人像的后期处理，现在开始进行背景的更换。选择快速选择工具，粗略地框选人物部分，如图 5-57 所示，按快捷组合键【Ctrl+J】复制图层，命名该图层为"人物"。

图 5-57　框选人物部分

13 抠取头发。接下来是对头发边缘进行抠图。打开"通道"面板，右击"绿"通道（通道的选择，可根据照片中头发与背景的黑白对比强度而定，对比越强烈越容易处理），选择"复制通道"命令，得到一个"绿 拷贝"通道，如图 5-58 所示。单击"绿 拷贝"通道，按快捷组合键【Ctrl+L】打开"色阶"对话框，参数设置如图 5-59 所示。按住【Ctrl】键的同时单击"绿 拷贝"通道，得到白色部分的选区。由于头发是黑色部分，所以要进行选区的反选（快捷组合键为【Shift+Ctrl+I】），选区界面如图 5-60 所示。单击"RGB"通道，回到"图层"面板，按快捷组合键【Ctrl+J】复制修复头发的图层（不是复制上一步的"人物"图层），命名该图层为"头发"。

图 5-58　复制通道

图 5-59 "色阶"属性参数

图 5-60 黑色部分选区

14 新建一个空白图层,该图层有两个作用,一是作为证件照背景底色,二是作为观察图层。由于人物背景是一道白墙,为了更好地观察头发抠选的情况,选红色为填充色(红色 R:255,G:0,B:0;蓝色 R:0,G:191,B:243;白色 R:255,G:255,B:255)。把颜色图层放到"人物"图层下方,如图 5-61 所示。

15 显示头发细节。为人物图层添加蒙版,用画笔对人物头发进行隐藏,显示出用通道抠图方法抠出来的发丝。效果对比如图 5-62 所示。

图 5-61 调整图层

图 5-62 显示头发细节

16 最后调整与修饰。合并"人物"跟"头发"图层（切勿合并背景，方便更换背景颜色）。观察人物，进行最后一次人物调整，例如清理人物右边头发的发丝，用"液化"滤镜使发型变得对称美观等，效果如图 5-63 所示。

图 5-63 调整与修饰发型

17 裁剪照片。以 1 英寸照片为例，1 英寸证件照的规格为 2.5 cm×3.5 cm。选择裁剪工具，在"属性"面板中设置裁剪比例为 2.5 和 3.5，按比例将裁剪框调到图 5-64 所示的位置。

图 5-64 裁剪比例与位置

18 设置照片大小。选择"图像"→"图像大小"命令（快捷组合键【Ctrl+Alt+I】），参数设置如图5-65所示。最终效果如图5-66所示。

图 5-65　"图像大小"对话框　　　　　图 5-66　1 英寸照效果图

19 保存为"红底证件照.psd"，另存一份"红底证件照.jpg"。

2. 1 英寸照片的排版

打开"红底证件照.jpg"，下面用两种方法实现证件照的排版。

方法一：使用定义图案的方法。

01 裁剪。利用裁剪工具进行裁剪（1英寸照片比例为2.5:3.5），设置1英寸照片大小，如图5-67所示。选择"图像"→"图像大小"命令，设置图像宽度为2.5 cm，高度为3.5 cm，分辨率为300像素，如图5-68所示。

图 5-67　裁剪照片　　　　　图 5-68　设置 1 英寸照片大小

02 设置照片白边。留出照片之间的白边，白边预留 0.1 cm 即可。选择"图像"→"画布大小"命令，勾选"相对"复选框，参数设置如图 5-69 所示。

03 定义图案。选择"编辑"→"图案"命令，输入图案名称，如图 5-70 所示。

图 5-69 设置照片白边

图 5-70 "图案名称"对话框

04 新建相纸大小。因为预留了白边,所以要查看一下加了白边后的 1 英寸证件照大小,可以重新选择"图像"→"图像大小"命令,从"图像大小"对话框中可看到加了白边后图像的像素大小为 307×425,可以计算得出 4×2 共 8 张排版的文档大小为 1 228×850 像素,分辨率 300 dpi,如图 5-71 所示。

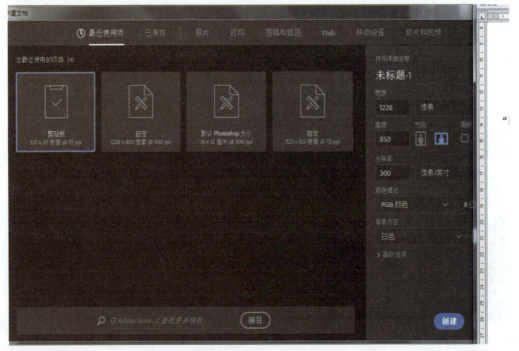

图 5-71 相纸大小设置

05 填充图案。选择"编辑"→"填充"命令,选择定义好的红底证件照图案进行填充,如图 5-72 所示。

图 5-72　照片填充效果

方法二：使用动作完成批量照片的排版。

01 裁剪照片（以 1 英寸照片为例）。复制"背景"图层，选择裁剪工具，设置宽为 2.5，高为 3.5，等比例调整裁切框大小，如图 5-73 所示。再选择"图像"→"图像大小"命令，设置图像宽为 2.5 cm，高为 3.5 cm，分辨率为 300 dpi，如图 5-74 所示。

图 5-73　裁剪照片

图 5-74 图像设置

02 记录动作。打开"动作"面板,新建组"照片排版",再在组中新建动作"1英寸",设置动作名称和功能键(假设为【Shift+F12】),单击"记录"按钮开始录制,如图 5-75 和图 5-76 所示。

图 5-75 设置动作

图 5-76 记录动作

03 新建图层,设置画布大小。解锁"背景"图层(变成"图层 0"),新建"图层 1",拖至"图层 0"下方。选择"图层 0",选择"图像"→"画布大小"命令,设置画布大小为 5 英寸相纸大小(宽度为 3.5 英寸,高度为 5 英寸),取消勾选"相对"复选框,如图 5-77 所示,单击"确定"按钮。

图 5-77 设置画布大小

04 将图像移至左上角。按住【Alt】键的同时拖动图像,复制图层,选择这 3 个图层,单击工具栏中的"水平居中分布"按钮,合并所选图层(快捷组合键为【Ctrl+E】)。按住【Alt】键的同时往下垂直拖动,复制该图像图层,选择这 3 个图层,单击工具栏中的"垂直居中分布"按钮,合并所选图层,如图 5-78 和图 5-79 所示。

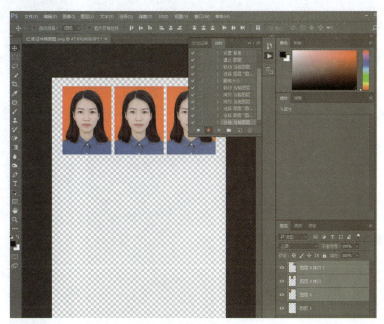

图 5-78　复制三张照片

图 5-79　复制九张照片

05 将照片的位置移动到合适位置。选择最下方的图层，按【Ctrl+Delete】组合键，填充白色背景。单击"动作"面板中的"停止录制"按钮，如图 5-80 所示，停止动作的录制。"动作"面板的动作如图 5-81 所示。

图 5-80　停止录制　　　　　　　　图 5-81　"动作"面板

06 执行动作。只要打开一幅照片，先裁剪，并设置好图像大小为 1 英寸照片，按【Shift+F12】组合键即可完成排版。保存成"1 英寸照片排版 .psd"和"一寸照片排版 .jpg"。

能力拓展

完成证件照的修图并更换为蓝色背景，如图 5-82 所示。同时为自己的证件照修图并更换照片背景。

图 5-82　更换蓝色背景

职业素养聚焦

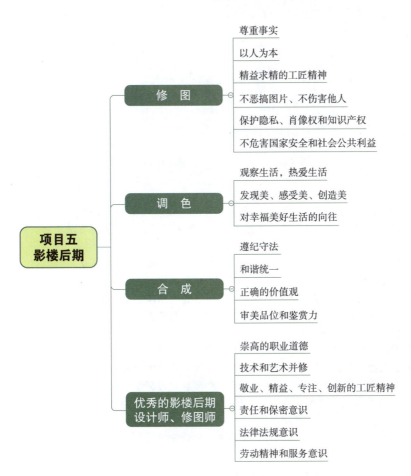

项目展示与评价

按照表 5-2 所示，对作品进行展示和评估。

表 5-2 项目评估表

职业能力	完成项目情况	存在问题	自评	互评	教师评价
设计素养					
修图能力					
背景处理能力					
调色能力					
修图调色滤镜应用能力					

续上表

职业能力	完成项目情况	存在问题	自评	互评	教师评价
抠图能力					
批处理能力					
整体效果					
自主学习能力					
团队协作能力					
创新创意能力					

注：
※ 评价结果用 A、B、C、D 四个等级表示，A 为优秀，B 为良好，C 为合格，D 为不合格。
※ 设计素养主要从内容是否积极向上、是否符合法律法规、有没有恶搞图片、有没有侵犯知识产权等方面评价。
※ 修图能力主要从对人物的脸、五官、皮肤、形体、服饰等方面的修饰效果进行评价。
※ 背景处理能力主要从对除人物外的背景瑕疵、多余背景的处理效果进行评价。
※ 调色能力主要从人物和背景的调色效果是否达到预期、有没有违和感等方面进行评价。
※ 修图调色滤镜应用能力主要从使用调色滤镜的熟练程度、调色效果等方面评价。
※ 抠图能力主要从人物抠像效果、通道抠图等抠图方法的运用情况等方面评价。
※ 批处理能力主要从能否正确运用"动作"命令提高工作效率等方面评价。
※ 整体效果主要从主题、人物修图、调色、背景处理、视觉冲击力等整体的效果进行评价。
※ 自主学习能力主要从课前导学任务完成情况、素材搜索、参考设计内容等方面评价。
※ 团队协作能力主要从项目是否能够顺利完成、能否配合团队成员完成影楼后期的处理工作等方面评价。
※ 创新创意能力主要从构图、色彩、排版、质感、光影效果、能否传播美等方面评价。

项目总结

本项目通过 3 个实际商业案例介绍了影楼后期常用的修图、调色方法和技巧。在影楼后期修图中先要仔细分析照片的构图、曝光、明暗、对比度、偏色等情况，如果构图不合适则校正构图，再去除照片中的杂质和穿帮，修饰皮肤，调整形体，风格调色，最后完成照片的锐化。熟练污点修复画笔、修补、仿制图章等工具的操作技巧，运用 Adobe Camera Raw 完成照片颜色的处理，用 Imagenomic Portraiture 滤镜磨皮，利用曲线、色阶调整照片的明暗对比，利用"液化"滤镜对人物形体、五官进行修饰，用可选颜色、色彩平衡、色相/饱和度等进行调色，用"USM 锐化"滤镜、"高反差保留"滤镜进行锐化。使用 Photoshop 中的"动作"功能，可以大大提高后期修图效率。

本项目学习了 Photoshop 中的修图、调色技法，影楼后期设计师、修图师在工作中要尊重事实，遵守国家法律法规，不恶搞图片，不攻击他人，不泄露隐私，不伪造证件，不盗用他人图片，不侵犯肖像权和知识产权，要从客户角度出发解决修片需求，做好归档、分类和卫生工作，在设计时要精益求精，给用户呈现美，传播美。

项目六

平面设计大赛

项目导读

平面设计大赛给大学生提供了一个展示自我、交流经验的平台。通过比赛过程，可以增强大学生的动手动脑能力，提高大学生的相关专业技能、艺术与思想修养，同时提高大学生的创新素养，培养其创作能力，开发创意资源，引导大学生以创新的思维、创意的形式将所学的知识灵活运用。本项目通过对平面设计的解读和获奖作品分析，使同学们熟悉平面设计大赛的流程，期望对同学们的作品创作有一定的启发作用。

竞赛面向

平面设计大赛面向普通高等学校在读全日制学生，分为大学生计算机设计大赛校赛、省赛和国赛，大学生计算机设计大赛国赛面向所有高校的本科生和来华留学生。大赛的目的是以赛促学、以赛促教、以赛促创，为国家培养德智体美劳全面发展的创新型、复合型、应用型人才服务，此赛事目前是全国普通高校大学生竞赛排行榜榜单赛事之一。大赛以三级竞赛形式开展，校级初赛→省级复赛→国家级决赛。国赛只接受省（直辖市、自治区）级赛区、省级直报或省级跨省赛区上推的参赛作品。

项目目标

知识目标	技能目标
◇ 大赛作品的审题	◇ 熟练精确抠图
◇ 掌握字体设计	◇ 使用平面设计软件绘图
◇ 掌握版式构图	◇ 使用 Photoshop 合成图像
◇ 掌握色彩搭配	◇ 使用 Photoshop 制作特效
◇ 掌握海报设计	◇ 熟练 Photoshop 各类工具的综合应用
◇ 掌握作品创新创意方法	

职业素养	素质目标
◇ 良好的审美能力	◇ 积极向上
◇ 团队协作的精神	◇ 传承中华优秀传统文化
◇ 自主学习能力	◇ 践行社会主义核心价值观
◇ 沟通表达能力	◇ 绿水青山就是金山银山
◇ 创新创意思维	◇ 人和动物和谐共生

> **项目任务及效果**

任务一　解读平面设计大赛

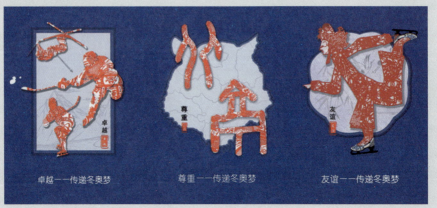

任务二　制作环保类海报

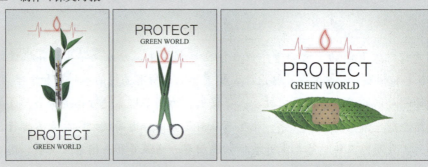

任务三　制作中华优秀传统文化类海报

项目六 平面设计大赛

任务一 解读平面设计大赛

 课前学习工作页

（1）扫一扫二维码观看相关视频

版式构图

文字排版

（2）完成下列操作
① 从网上收集各类大学生平面设计大赛，了解这些比赛的流程和要求。
② 找到自己感兴趣的平面设计大赛，收集历届获奖作品并进行归类分析。

 课堂学习任务

省大学生计算机设计大赛即将举办，为了配合省赛，学校将进行校赛的选拔，以求进一步提高计算机教学和信息技术与学科深度融合的水平，激发大学生学习计算机知识和技能的兴趣和潜能，提升大学生运用信息技术解决实际问题的综合实践能力，培养其团队合作意识和创新创业能力，达到以赛促学、以赛促教、以赛促创的目的。为此，计算机学院将举办以"学汉语用汉字，弘扬汉语言文化"为主题的计算机设计大赛。

作品要想在大赛中脱颖而出，首先要把握好大赛主题，还要有很好的创意、设计手法和娴熟的技术来表现作品。本任务主要是完成省大学生计算机设计大赛的解读，比如历年来的平面设计竞赛文件、主题、创新创意和设计手法等。

学习目标与重难点

学习目标	熟悉竞赛文件要求和竞赛流程，了解历年获奖竞赛作品
学习重点和难点	主题的把握
	创新创意来源
	设计构图、配色方案等设计手法

任务分析

本任务中学生参赛的主题是"学汉语用汉字，弘扬汉语言文化"，那么分析、

211

归纳及找到设计的着力点是关键所在。中华民族历史源远流长，传统文化博大精深，汉字是中华民族文化的根基，呈现出深厚的历史底蕴和"中和"的审美特质；成语是经过长期锤炼而形成的汉语言文化精髓，它浓缩了中国古代传统文化的精华，承载着历代中华儿女千百年来形成的处世哲学；古诗词也是中华民族文化的基因，是以高度凝练的语言、丰富的想象、强烈的节奏感、韵律美集中地反映社会生活、抒发思想情感的文学体裁。所以了解中国传统文化是设计的基础，传承和弘扬传统文化，深入挖掘和阐发其讲仁爱、重民本、守诚信、崇正义、尚和合、求大同的时代价值才是大赛的意义所在。

由于计算机设计大赛每年的设计主题都不太一样，因此在设计时首先要了解竞赛文件要求，精准把握主题，才能更好地进行设计和制作。本任务主要围绕竞赛主题来解读历年来的平面设计类竞赛文件、主题、创新创意和设计手法，以便更好地完成"学汉语用汉字，弘扬汉语言文化"系列海报设计。

相关竞赛规范与技能要点

1. 大学生计算机设计大赛（数字媒体设计类）

（1）竞赛主题

为了激发大学生学习计算机知识和技能的兴趣和潜能，提升大学生运用信息技术解决实际问题的综合实践能力，培养其团队合作意识和创新创业能力，从而提高人才培养的质量是大学生计算机设计大赛的竞赛目的和意义。大学生计算机设计大赛数字媒体设计类近几年的主题如下表所示。

年份	主题
2016	数字媒体设计类主题：绿色世界；数字媒体设计类中华民族文化元系组参赛主题：民族建筑、民族服饰、民族手工艺品、民俗艺术活动
2017	数字媒体设计类主题：人与动物的和谐相处；数字媒体设计类中华民族文化元系组参赛主题：民族建筑、民族服饰、民族手工艺品
2018	数字媒体设计类主题：人工智能畅享；数字媒体设计中华民族服饰手工艺品建筑类
2019	数字媒体设计类主题：海洋世界，内容分为海洋生物、海洋矿藏、海洋探索、海洋环保、海洋开发，引导学生关注海洋、了解海洋、利用海洋、保护海洋
2020	数媒静态设计类主题：中华优秀传统文化元素，主题的核心是弘扬优秀传统的中华文化元素。内容包括：①自然遗产、文化遗产、名胜古迹；②服饰、手工艺、手工艺品、建筑；③唐诗宋词；④清朝前（含清朝）的国画、汉字、汉字书法、年画、剪纸、皮影、音乐、戏剧、戏曲、曲艺
2021	数字媒体设计类主题：①2022年北京—张家口冬季奥林匹克运动会；②冰雪运动；③冬季体育运动；④中国古代体育运动
2022	数字媒体设计类主题：学汉语用汉字，弘扬汉语言文化

（2）参赛对象

① 省内普通高等学校在读全日制学生均可以组队参加所有类别的竞赛。

② 每队成员及指导老师必须来自同一高校，不能跨校组队。

③ 每队成员人数为 1～3 人，指导教师不多于 2 人。

④ 每位作者在每大类（组）中只能参与一件作品，无论作者排名如何。

⑤ 数字媒体设计类分普通组和专业组，团队成员中只要有一名学生是专业组则应该参加专业组的竞赛。界定专业组清单：艺术教育，广告学，广告设计，广播电视新闻学，广播电视编导，戏剧影视美术设计，动画，影视摄制，计算机数字媒体类、计算机科学与技术专业数字媒体技术方向，服装设计，产品设计，建筑学，城市规划，风景园林，数字媒体艺术，数字媒体技术，美术学，绘画，雕塑，摄影，中国画与书法，艺术设计学、艺术设计，会展艺术与技术，其它与数字媒体、视觉艺术与设计、影视等相关的专业。

（3）参赛作品要求

① 参赛作品不得违反有关法律、法规以及社会道德规范，参赛作品不得侵犯他人知识产权。参加过其他竞赛的作品不可重复参加本项赛事。

② 建议每个作品应录制一个演示视频，播放时长不得超过 10 min，大小不超过 300 MB，特殊情况下不超过 500 MB。

③ 所有参赛作品必须为原创作品，不得存在任何知识产权纠纷或争议。

2. 竞赛获奖作品分析

在数字媒体高度发展的今天，海报设计作为传统媒介方式，为适应新的传播环境而不断革新，层出不穷的优秀海报作品给人们带来新的视觉享受、设计认知和时代思考。随着观众对海报作品审美要求和认识水平的提高，不仅要求作品内容鲜明、主题突出、版面设计合理，而且要求图形创意设计富有想象力和个性表现力，创意构思具有独特性；表现上要求作品特征鲜明，主体色调明确，色彩搭配协调，有强烈的视觉冲击力；效果上要求作品画面美观，富有强烈的设计感。

（1）中国传统文化类

中国传统文化博大精深，历史悠久，如中国书法、篆刻印章、中国结、京戏脸谱、皮影、武术等等。中国传统文化艺术是岁月沉淀下来的精华所在，是平面设计的思路来源。随着时代变迁与发展，现代平面设计更加趋向于中国文化元素的应用，将中国传统的文化元素符号完美融合在现代平面设计中，寻找传统与现代的契合点，会使设计更具本民族文化内涵，设计出的作品既具有民族风格又具现代设计理念，更能传承传统优秀文化。保护和传承传统文化，并不是原封不动地予以继承和保留，保护与创新相辅相成，创新的目的是为了更好地保护。

省大学生计算机设计大赛中华民族优秀传统文化类获奖作品《鼓乐齐鸣——传

统乐器国宝拟人》,深入挖掘了传统古乐器文化魅力,创新了传统乐器形象,改变了传统古乐器传承方式,利用新文化、新媒介传播传承古乐器。作品创新性地融入了年轻人喜爱的二次元、三次元动漫文化元素,运用拟人手法,将传统古乐器拟人化并赋予其不同人物性格特征,使传统国宝更加生动、时尚、跃然纸上,不仅能吸引更多的年轻人加入保护及创新传统乐器事业,更能促进本土文创产业发展。作品效果如图6-1所示。

图6-1 《鼓乐齐鸣——传统乐器国宝拟人》效果图

文化遗产分为有形文化遗产和无形文化遗产。有形文化遗产即传统意义上的"文化遗产",主要包括历史文物、历史建筑、人类文化遗址。在有形文化遗产中,传统乐器以其丰富的种类、独特丰富的表演形式、复杂精湛的制作工艺在世界文化艺术史上占有重要地位。目前大部分年轻人热衷于流行文化、流行乐器,而缺乏对传统古乐器的了解,使得传统乐器面临保护传承与创新危机。

本组作品打破了传统古乐器大气、华美、震撼的固有形象,巧妙地将二次元、三次元文化与传统乐器结合,将乐器所处朝代图案、服装等特征融入人物形象创作中,同时赋予人物独特性格和特征,使得传统乐器形象时尚、轻松、可爱。色彩搭配上,努力还原传统乐器（虎座鸟架鼓、大圣遗音古琴、曾侯乙编钟、红油金漆龙埙）中的土红、黑色、古铜色及金色等经典主色调及图案，同时融入橘红色、紫色、深绿色等辅色调，使得整个画面在保留传统乐器古典韵味的同时，又不失简约、大气、时尚。画面构图上，采用三角形和对称式构图方式，将"国宝拟人化"后的人物形象设置在画面三个点或四个点内，使画面产生很强的张力，画面自由和谐。技术表现上，突出塑造主体形象的体积感，同时协调好画面背景物及主体形象之间的层次关系，使画面丰富、和谐。

省大学生计算机设计大赛中华民族优秀传统文化类获奖作品《静观潮汕》展现家乡潮汕的传统文化，通过手绘形式描绘了潮汕地区的民居、民俗、民风，给人一种身临其境的意境感，展现了潮汕地区的建筑特色和传统文化。本组作品通过传统黑白水墨画形式，用现代的表现手法，配以黑白插画的创新手绘方法，手绘家乡潮汕地区传承至今的古建筑、工夫茶艺、油纸灯笼手工艺、潮剧戏剧文化等；在画面构图上，运用了一点透视、平衡构图、打破平衡的设计手法，在设计中运用了线条与几何形状等现代化的表现手法，画面至简至美，也反衬了家乡潮汕地区岭南文化和古建筑文化，以及人们悠然自得的生活，作品呼吁人们保护文化、传承文化。作品效果如图6-2所示。

图6-2 《静观潮汕》效果图

（2）环境保护类

社会的发展，将人类推进到了从工业文明时代向生态文明时代转折的时期。国家大力倡导低碳经济，建设生态文明，成为这一时期的主旋律。作为世界上最大的发展中国家，虽然我国还面临着工业化和生态化的双重任务，但未雨绸缪，大力推动低碳经济发展，建设资源节约型、环境友好型社会，已经成为我国可持续发展战略的重要组成部分。这类竞赛的目的是倡导和践行低碳生活，绿色出行，践行绿水青山就是金山银山的"绿色治理"观，体现了尊重自然、顺应自然、保护自然，促进人与自然和谐共生的要求。这也是每个公民在建设生态文明时代义不容辞的环保责任。

省大学生计算机设计大赛数字媒体设计类获奖作品《失去》是通过各种各样的绿色树叶构成3组作品："绿工业"、"绿生活"和"绿生命"。废水、废气等的排放，造成农业和工业污染，全球变暖，气候恶劣，土地干涸，雾霾严重，人类和自然是一体的，当自然环境受到破坏时，人类也不能独善其身。本组作品采用对比、发散、镂空剪影等表现手法，呼吁人们保护环境，绿色出行，不要等到失去了才痛彻心扉。作品效果如图6-3、图6-4和图6-5所示。

图6-3 《失去》之"绿工业"效果图

图6-4 《失去》之"绿生活"效果图

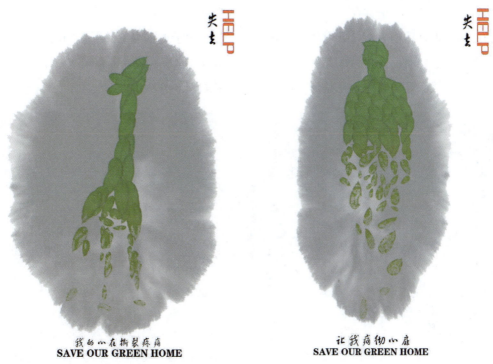

图 6-5 《失去》之"绿生命"效果图

"绿工业"通过设计树叶中内容的变化和颜色的渐变,干涸的土地、浓烟滚滚的工厂,展现了受污染的环境,由于人类不重视保护环境,导致了气象变化、地表变化,人类将慢慢失去原有的生态环境。

"绿生活"采用点、线、面的表现形式,设计大师福田繁雄的设计手法,车的外轮廓是比较具象的线条,车身是利用绿叶的机理,利用绿色和红色的鲜明对比,让视觉更具冲击力,呼吁人们绿色环保出行,减少废气的排放。

"绿生命"利用了发散的形式,由叶子拼凑成一个形态,由密集变疏散,同时采用了靳埭强的水墨画方式,表达了人类过度捕杀动物,破坏动物的食物链,生态平衡也会被破坏,会造成许多物种灭绝,甚至可以威胁到人类。

(3)动物保护类

由于人类的破坏,与栖息地的丧失等因素,地球上濒临灭绝生物的比例正在以惊人的速度增长。保护动物刻不容缓,全世界都在号召保护动物。保护动物才能维持生物的多样性和地球的生态链,才能保护整个地球生态环境的稳定性,从而保护人类自己。保护动物,让人与自然和谐共生,这是动物保护类竞赛的主要目的,其核心内容是禁止虐待、残害任何动物,禁止猎杀和捕食野生动物。

省大学生计算机设计大赛数字媒体设计类获奖作品《我与你同在》体现人与动

物间和谐相处，和谐共存。长期以来，物种的平衡受到破坏，人类为了自己的利益，仍在疯狂猎杀动物，在设计时用海（鲨鱼）、陆（狮子）、空（鸽子）的动物来填充人物剪影（"女性"、"男性"和"儿童"），喻示着"母亲＋父亲＋孩子＝一个家庭"，保护动物就像守护着一个完整的家庭。作品效果如图6-6所示。

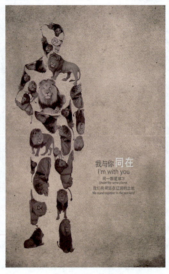

图6-6 《我与你同在》效果图

（4）科技创新类

世界范围内的竞争、综合国力的竞争，关键是科学技术的竞争。科技进步和创新是增强综合国力的决定性因素，关系到中华民族的兴衰存亡，也是推动经济和社会发展决定性因素。随着人工智能、大数据、虚拟现实等技术的发展，这些新技术已经走进了人们生活的方方面面。科技创新类竞赛主要目的是引导和激励学生弘扬创新精神，推动科技创新，激发对新技术的学习热情和动力，增强民族自豪感。

省大学生计算机设计大赛数字媒体设计类获奖作品《人工智能芯发展》从卡脖子技术的"芯"开始，通过谐音，即是"芯"，也是"新"，人工智能的发展离不开芯片的发展，相信通过不懈地努力，我国一定可以攻克这个卡脖子技术。本组作品通过对未来人工智能时代的畅想，预示人工智能时代将会突破想象，创新未来，更好地为人类服务。本组作品采用三角形和九宫格构图法则，突出了主体物的视觉中心，使画面更趋向均衡；背景大面积地采用了蓝色，营造出宁静、深邃、智慧的视觉感受，突出画面科技感；画面中主体物，采用了玫红色和湖蓝色搭配渲染，具有激情、自信、生命力的特征，给人强烈的视觉冲击。

作品效果如图6-7所示。

项目六 平面设计大赛

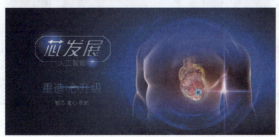

图 6-7 《人工智能发展》效果图

"颠覆·无人驾驶"海报通过快速飞驰车辆上的人影进行表达，在智能芯片作用下实现的无人驾驶技术，人影也喻示着无人驾驶技术未来一定会赶超人类驾驶。"环绕·芯静界"主要体现了人工智能技术应用在智能家居方面，成为人类的"智能睡眠管家"。"遇见·芯视界"海报表达了人工智能技术相当于盲人的拐杖和导盲犬，有助于为残障人士带来福音；"重现·芯历史"海报通过将人工智能芯片应用在机器人身上,重现历史,让人们保护动物。"重造·芯升级"海报来源于智能芯片就相当人的心脏,需要不断升级和创新,这样才能赋予人类新的生命。

(5)时事热点类

时事热点就是被广大媒体、领域、社会等群体共同关注的热点、事件和焦点。如第 24 届北京冬奥会和冬残奥会是 2022 年的热点,北京冬奥会会徽"冬梦"将中国传统文化和奥林匹克元素巧妙结合,北京冬残奥会会徽设计秉承展现举办地文化,体现以运动员为中心的理念,将中国书法艺术与冬残奥会体育运动特征结合起来,主题口号是"一起向未来",表达了世界需要携手走向美好未来的共同愿望。这类竞赛需要学生平时多关注生活、关注热点话题,加强对时事政策的敏感度,促进大学生对社会热点话题的关注与了解,拓宽视野,提高政治觉悟,引导大学生全面正确地看待社会问题。

省大学生计算机设计大赛数字媒体设计类获奖作品《团结与力量——传递冬奥梦》传递了"卓越、尊重、友谊"的运动精神和大国风范。作品通过滑雪运动员与中华民族传统剪纸艺术完美结合,并将长城、锦鲤、中国福等元素融入进去,栩栩如生,不但展现了运动员们在赛场上拼搏的英姿,也更好地弘扬了中华民族文化。作品效果如图 6-8 所示。

图 6-8 《团结与力量——传递冬奥梦》效果图

剪纸艺术是中国传统文化的一块瑰宝,传承着中华民族的艺术特色和本土精神。作品通过对剪纸进行重新设计,融入长城、锦鲤、中国福等元素,以中国龙做纹理,形成了新的剪纸形式,通过三组作品传递冬奥梦。

作品"卓越"用雪山做背景,各种冬奥会运动项目展现了奥运的拼搏精神。作品"尊重"将甲骨文与剪纸结合,译写"北京"二字,凸显出中国古代文字历史悠久、博大精深;字体中的底纹采用了鱼、熊猫、火炬、藏羚羊、大雁,其谐音为北京欢迎你;

背景主体的背后是虎头，虎头里的底纹是北京的地图，寓意奥运会是在"虎年"举办，运动员要尊重自己、尊重他人、尊重规则、尊重环境等，营造公平的竞争气氛。作品"友谊"以中华传统皮影剪纸艺术、中华传统工艺品绣花鞋与花样滑冰运动相结合，人物背景框使用了古代窗的形状，寓意是冬奥会在春节期间举行，春节期间家家户户都会在窗户贴剪纸窗花。

作品主体的颜色采用了红色，红色是剪纸的颜色，同时也是中国红的颜色，寓示着热情、激动、火热，也有吉祥、乐观、喜庆之意。背景采用了蓝色冷色调，代表开阔、安定与和平。两种颜色搭配在一起，时尚而有活力，给人以热烈又安定和平的感觉，这种配色具有强烈的视觉冲击力。

任务实施

01 大赛分析和解读。对省大学生计算机设计大赛文件进行分析和解读，了解历年来大赛的主题要求，欣赏和分析历年大赛获奖作品的设计理念、设计手法、平面构图、色彩搭配和创新创意。

02 主题分析。分组对本次大赛的中国传统文化主题"学汉语用汉字，弘扬汉语言文化"进行分析，通过网络搜索该主题相关作品，寻找作品灵感。然后以小组为单位进行头脑风暴，透彻理解竞赛目的和作品主题定位，确定作品名称、作品风格、作品文案（广告词）、作品创意等，并对该主题进行深入研究，确定主题表现形式。主题表现和创意水平是作品脱颖而出的关键，完成作品设计的思维导图并进行展示。

03 搜集素材。通过互联网收集大量相关主题的优秀作品，多欣赏经典平面设计作品，多看优秀作品赏析和点评，提高审美水平，启发创作灵感。根据主题搜集相关素材。

04 创作过程。各小组进行分工，组内讨论如何对素材进行抽象，创意的着力点在什么地方等，并运用画面构图、色彩搭配使图形的表现具有独特的记忆点；画面的构图既要增强画面的张力，又要使画面整体和谐；色彩的选择要和主题相符合，更要注意画面中主体和各部分的层次关系，使画面丰富又和谐。

05 作品展示。各小组分别通过PPT演讲的方式介绍自己小组的作品，从作品的创意、画面的构图、色彩的搭配、作品的特色等方面进行详细分析和介绍。

能力拓展

为"红动中国·革命精神代代传"活动制作主题海报，分析海报设计要求和主题表现形式，搜索相关作品和相关素材，完成主题海报的设计，并提交作品、主题、创意和艺术表现、创作过程、技术等作品说明。

任务二 制作环保类海报

 课前学习工作页

（1）扫一扫二维码观看相关视频

环保海报设计思路

环保海报制作

（2）完成下列操作

设计一张 A4 画布大小的海报，内容自定。

 课堂学习任务

每年的 6 月 5 日为世界环境日，它反映了世界各国人民对环境问题的认识和态度，表达了人类对美好环境的向往和追求，也是联合国促进全球环境意识、提高对环境问题的注意并采取行动的主要媒介之一。为了进一步提高学生运用信息技术解决实际问题的综合实践能力，激发学生的创新意识和设计能力，培养学生团队合作意识和创新创业能力，本任务选自省大学生计算机设计大赛数字媒体设计类的竞赛作品，大赛要求是以"绿色世界"为主题进行创作。图 6-9 所示为本次大赛获奖作品《受伤的叶子》，通过作品学习设计的创意方法、操作方法等。

图 6-9 获奖作品《受伤的叶子》

项目六　平面设计大赛

学习目标与重难点

学习目标	利用 Photoshop 的蒙版等工具进行图像合成，矢量图形的绘制
学习重点和难点	Photoshop 工具的综合运用（重点）
	创意的思维训练（重点）
	创意的表现手法（难点）

任务分析

本次比赛的设计主题为"绿色世界"。在设计之前，要先对主题进行分析，并展开一系列联想。比如，"绿色世界"让大家想到了什么？大家想通过海报传达什么样的思想？大约 1 万年以前，地球有 62 亿公顷的森林，覆盖着近 1/2 的陆地，是一个名副其实的"绿色世界"。据绿色和平组织估计，近 100 年来，全世界的原始森林有 80% 遭到破坏，地球平均每分钟都会失去一块足球场大小的热带森林。通过分析就可以初步确定作品的设计意图，通过海报传达"保护地球、保护绿色世界"的目的。如何通过视觉传达大家的设计意图呢？通过说教或口号，往往无法打动或说服受众，所以必须通过一系列的创意头脑风暴，寻找最佳的表现方法。不妨把地球比喻成生病的人，人生病了要打针、要做手术，通过拟人的手法，可以直观地感受到逐渐失去绿色的地球就像是一个生病的孩子，需要打针、做手术和拯救，从而让受众产生共鸣。

相关行业规范与技能要点

1. 平面设计师行业规范

成功的平面设计师需要具备强烈敏锐的洞察能力、创新创意能力、对作品的美学鉴定能力、对设计构想的表达能力，具备扎实全面的专业技能，还必须具有宽广的文化视角、深邃的智慧和丰富的知识。平面设计师应考虑社会反映、社会效果，力求设计作品对社会有益，能提高人们的审美能力，让人们获得心理上的愉悦和满足，作品应概括当代的时代特征，反映真正的审美情趣和审美理想。平面设计师要扎根于本民族悠久的文化传统和富有民族文化本色的设计思想，要有良好的职业道德，注重个人的修养，向优秀设计师学习，在不断地学习和实践中形成自己的特色和风格。

想成为一名优秀的平面设计师，除了要熟练掌握各类设计软件以外，还应该涉猎广泛，增加自身的知识领域和设计敏感度。其中，优秀的设计师是平面设计师学习的领路人，了解世界各国知名设计师的生平以及他们的设计作品，对平面设计师开阔眼界和提升设计质量有着重要的作用。在艺术史上出现过许多对平面设计产生重大影响的设计师，如中国的靳埭强、陈绍华、陈幼坚等，日本的福田繁雄、龟仓雄策、齐藤诚、田中一光、佐藤晃一、永井一正等，德国的冈特·兰堡等，美国的西摩·切瓦斯特等。

2. 创意的思维训练

（1）发散思维

发散思维是根据一定的条件，对问题寻求各种不同的、独特的解决方法的思维，具有开放性和开拓性，是一种求异思维。发散性思维具有流畅性、灵活性、独创性、精致性等特性。由于发散思维不受现有知识范围和传统观念的束缚，可以从不同的角度和方向衍生新设想，它是设计思维的重要主要成分，如图 6-10 所示。

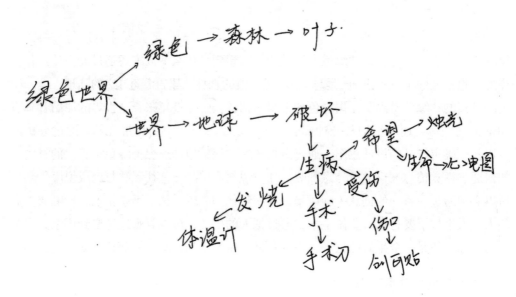

图 6-10 发散思维

（2）收敛思维

收敛思维是在已有的众多信息中寻找最佳的解决问题方法的思维过程。在收敛思维过程中，要想准确发现最佳的方法或方案，必须综合考察各种思维成果，进行综合的比较和分析。因此，综合性是收敛思维的重要特点。收敛思维不是简单的排列组合，而是具有创新性的整合，即以目标为核心，对原有的知识从内容和结构上进行有目的的选择和重组。

（3）逆向思维

逆向思维法是为了实现创新过程中的某项目标，通过逆向思考，运用悖逆常规的逻辑推导和技术以实现创造发明的思维法。逆向思维的实质是"思维倒转"，它可以克服思维定式，从而产生不同的设计创意。可以通过功能型反转构思法、结构性反转构思法、因果关系反转构思法、缺点逆用构思法等途径进行逆向思维训练。省大学生计算机设计大赛数字媒体设计类普通组获奖作品《虚伪的真情》，没有通过常规的逻辑思维表现动物遭受人类迫害，而是通过逆向思维，通过人类自以为好意的行为，来表达人类并没有真正做到保护动物的初衷，如图 6-11 所示。

图 6-11　省大学生计算机设计大赛获奖作品《虚伪的真情》效果图

（4）联想思维

联想思维法是指在类比、模拟的基础上，由事物间的相似性触发联想，举一反三，转移经验，提出解决问题的新思路或设计制造新产品的思维技法。联想思维法由联想体和联想物组成，是根据两者之间的相关性生成新的创造性构想的一种思维形式。具体的类型包括相似联想、相关联想、对比联想、因果联想等。例如，"月亮"联想到"玉盘"是外形的相似联想；"春节"联想到"春联"和"拜年"是相关联想；从森林被破坏，联想到土地沙漠是因果联想。省大学生计算机设计大赛数字媒体设计类获奖作品《芯发展》（见图 6-12）通过"芯"，联想到"新""心"。

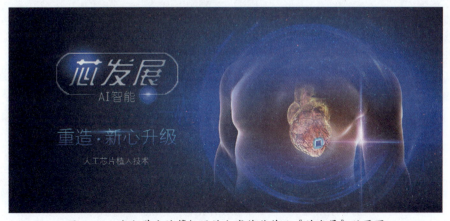

图 6-12　省大学生计算机设计大赛获奖作品《芯发展》效果图

3. 创意的表现手法

（1）解构和同构

图形的解构是指对设计元素的形态进行分解，将其分为特征部分和可塑部分。特征部分即可以分辨出物体的部分，可塑部分即可以自由变换而不影响物体识别性的部分。图形的同构是将不同的设计元素整合为一个统一空间关系中的新元素，从视觉上看具有合理性，而从主观经验上看又是非现实存在事物。设计的关键在于形的连接与相互转化，不追求生活的真实性，而是与现实产生矛盾关系，同时重视创意上的艺术性和内在联系。

同构的形式多种多样，主要有代替同构、置入同构、材质异化、异影同构、显异同构等。代替同构指在保持原形的基本特征基础上，物体中的某一部分被其他物形素材所替代的一种图形构造形式，从而产生具有新意的形象。置入同构是将用以组合的元素中的一个轮廓作为外形框架，将其他物形填置在这个外形中，形成外轮廓形态与内部元素间的组合关系。材质异化是以单一元素为对象，根据一定目的改变物体的材质并通过表现异质的特性来塑造新的形象。在这个想象过程中会借鉴到其他元素的特征，但这种借鉴是融入原形中去的，在产生的新形象中并不明确显示被借鉴元素的特征形态。异影同构是以影子作为想象的着眼点，以对影子的改变来表情达意。影子可以是投影，也可以是水面倒影或镜中影像等。异影同构可以将事物不同时间状态下的状态、事情的因果关系、事物的正反两面、现象与本质等不同元素巧妙地组合在一起。

省大学生计算机设计大赛获数字媒体设计类奖作品《失去》（见图6-13），设计就采用了置入同构、材质异化等同构手法，获奖作品《Hope》（见图6-14）也采用了材质异化的同构手法。

图6-13　省大学生计算机设计大赛获奖作品《失去》

图 6-14　省大学生计算机设计大赛获奖作品《Hope》

（2）正负图形

正负图形是指正形与负形相互借用、相互依存，作为正形的图与作为负形的底可以相互转换。平面设计中的正负形（Negative Space）是由原来的图底关系（Figure-ground）转变而来。早在 1915 年就以卢宾（Rubin）的名字来命名，所以又称为卢宾反转图形。日本著名设计师福田繁雄非常善于使用正负图形进行海报创作，如图 6-15 所示。

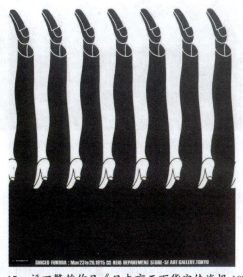

图 6-15　福田繁雄作品《日本京王百货宣传海报 1975》

（3）夸张

夸张是以现实生活为依据，用丰富的想象力对画面形象的典型特征加以强调和扩大，或改变物体间的比例，以体现广告的创意，使画面更具新颖、奇特和富有变幻的情趣，从而达到吸引受众注意力的目的。省大学生计算机设计大赛数字媒体设计类获奖作品《芯发展》（见图6-16）用两只巨大的手来营造一种舒适、安全、智能的睡眠环境，其中两只巨大的"手"改变了物体间的比例关系，使用了夸张的表现手法。

图6-16　省大学生计算机设计大赛获奖作品《芯发展》

（4）分割裂变

分割裂变是对完整的形态进行分割，通过打孔、切割、开启、断置等方式改变原形的封闭形式，形成有趣的新形象。德国设计师冈特·兰堡的土豆系列作品就巧妙地采用了分割裂变的方式，对土豆进行创意设计。省大学生计算机设计大赛数字媒体设计类获奖作品《捕鲨》通过对鲨鱼的切割，直观地表达出了人类对鲨鱼的残杀，如图6-17所示。

项目六 平面设计大赛

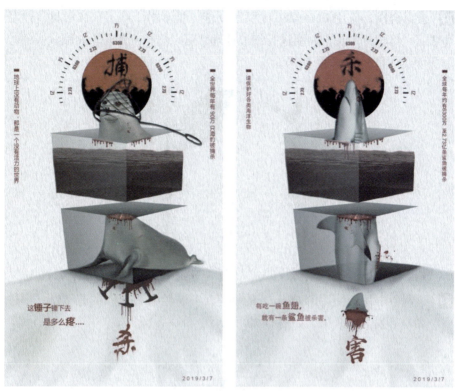

图 6-17 省大学生计算机设计大赛获奖作品《捕鲨》

任务实施

01 灵感构思及素材收集。本设计以"叶子"作为"绿色世界"的载体,叶子生病了,当然需要给叶子治病,以拟人手法,可以通过创可贴、体温计和手术剪刀等物品来体现,如图 6-18 所示。

图 6-18 素材收集

02 素材合成。应用 Photoshop 的蒙版功能,把素材"叶子"和素材"体温计"进行合成,"体温计"头部需要进行细节处理,可以选择一片末端比较尖锐的叶子替换体温计的头部,如图 6-19 所示。

图 6-19 叶子和体温计合成

03 绘制心电图。使用 Photoshop 的钢笔工具,绘制心电图的造型,并通过"图层样式"做出外发光的效果,如图 6-20 所示。

图 6-20 绘制心电图

04 添加文案。为海报添加标题和文案,突出海报主题,如图 6-21 所示。

图 6-21 添加文案

05 渲染背景。选择一张带有纹理的素材作为海报背景，增添画面的质感。使用蒙版的功能，把背景中心部分的像素隐藏，让画布中心保留原来的白色，营造出中心的光感，从而突出画面中心的主体物，最终效果如图 6-22 所示。

图 6-22　最终效果

能力拓展

请根据本任务的行业规范与技能要点、操作步骤讲解，运用所学创新创意思维和表现手法，为其设计其他创意形式的海报，参考效果如图 6-23 所示。

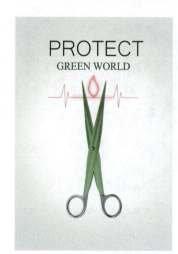 

图 6-23　省大学生计算机设计大赛数字媒体设计类获奖作品《受伤的叶子》

任务三　制作中华优秀传统文化类海报

课前学习工作页

（1）扫一扫二维码观看相关视频

《岭南建筑》系列海报制作

（2）完成下列操作

① 从网上收集优秀的系列海报，分析系列海报的特征。

② 根据比赛要求，利用 Photoshop 软件选择其中一个系列的优秀海报绘制出来。

课堂学习任务

2021 年的省大学生计算机设计大赛即将开始，本次任务主要由学生团队小美和小林组队参加数媒静态设计（专业组）。本次比赛的主题是弘扬优秀传统的中华文化元素，经项目组讨论，由小美和小林共同创作完成中华优秀传统文化类海报《岭南建筑》，最终效果如图 6-24、图 6-25、图 6-26 和图 6-27 所示。

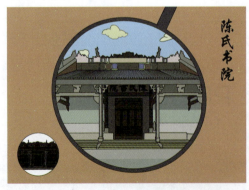

图 6-24　岭南建筑系列海报之效果图一

图 6-25　岭南建筑系列海报之效果图二

图 6-26　岭南建筑系列海报之效果图三

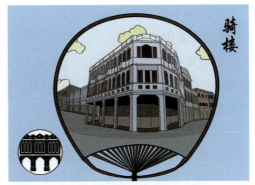
图 6-27　岭南建筑系列海报之效果图四

学习目标与重难点

学习目标	学习优秀传统文化系列海报的设计方法和流程
学习重点和难点	钢笔工具、形状工具、颜色工具、剪切蒙版等工具的使用（重点）
	中华优秀传统文化海报的设计流程（重点）
	中华优秀传统文化海报的设计方法（难点）

任务分析

本任务中，参赛的主题是弘扬优秀传统的中华文化元素，而优秀传统文化的范畴特别广，为了利于创作，创作组成员首先在网络上搜索了一下广东优秀传统文化包括哪些内容，其包括岭南建筑、岭南书画、粤菜、粤绣、粤剧、木偶戏、赛龙舟、佛山醒狮、广州的三雕一彩一绣（象牙雕、玉雕、木雕、广彩、广绣）、增城榄雕、潮州木雕、潮州陶瓷、潮州剪纸、潮州嵌瓷、石湾工艺陶瓷、佛山剪纸、佛山秋色、潮州抽纱、枫溪瓷雕、肇庆端砚、新会葵艺、高州角雕、东莞烟花以及肇庆草席、阳江风筝、岭南盆景、广州红木家具、潮州锣鼓和麦秆贴画等，这些都是岭南地区优秀的宝贵财富，同时也是艺术创作的源泉。由于范围仍然很大，最终，小美与小林决定再一次缩小创作范围，选择独具特色的岭南建筑。而岭南建筑中陈家祠是祠堂的典型代表，骑楼是岭南传统民居与西方建筑艺术相结合演变而成的一种商住建筑形式，成为表征岭南文化的一个建筑符号；开平碉楼是集防卫、居住和中西建筑艺术于一体的多层塔楼式建筑，突出地体现了中国华侨文化的深刻性和普遍性；而东莞可园则称为"广东四大园林"或"粤中四大园林"，也是岭南园林的代表作，其特点是面积小、设计精巧，把住宅、客厅、别墅、庭院、花圃、书斋，艺术地糅合在一起。这4种建筑在岭南建筑中都极具代表性。本次的创作不仅要继承优秀传统文化的精髓，更要创新传承和发扬优秀传统文化，创作组成员选择用现代年轻人喜爱的扁平式的插画方式进行创作。

本任务主要利用钢笔工具、形状工具、颜色工具、剪切蒙版等工具等完成《岭南建筑》系列作品的创作。

相关竞赛规范与技能要点

1. 竞赛规范

省计算机设计大赛比赛赛项多达15种,其中数字媒体设计(专业组)包括以下小类:平面设计、环境设计、产品设计,而小美与小林参加的数字媒体设计(专业组)中的平面设计。

对于平面设计方面举办方有一定的要求,具体如下:

① 数字媒体设计类分普通组与专业组进行报赛与评比。

② 属于专业组的作品只能参加专业组的竞赛,不得参加普通组的竞赛。属于普通组的作品只能参加普通组的竞赛,不得参加专业组的竞赛。专业组直接标明,未标明的属普通组。

③ 参赛作品有多名作者的,如有任何一名作者归属于专业组作者清单所述专业,则作品应参加专业组竞赛。

④ 每队参赛人数为1~3人,指导教师不多于2人。

⑤ 每位作者在本类(组)只能提供一件作品,无论作者排名如何。

2. 竞赛技能要点

① 审题,每年比赛的主题都不一样,所以创作之前对于主题的解析是非常重要的。如主题是传统文化,那么就要围绕传统文化进行搜集相关信息。

② 将收集到的信息进行分类,在众多信息中提取到自己想要的信息。

③ 根据主题及自己收集到的资料(图片、照片等素材),选择合适的创作手法进行草图创作。

④ 草图的创作往往并非一帆风顺,所以创作草图方案经常会被推翻,推翻又重来,所以对于参赛选手的抗挫能力有一定的考验。但是只要坚持住,一定能达到自己想要的满意效果。

⑤ 比赛过程中团队成员之间的默契非常重要,需要互相包容互补,这样团队才能出好成绩。

3. 中华优秀传统文化海报设计的流程

在比赛中,中华优秀传统文化海报的创作流程主要包括前期审题、搜集资料、选择创作方法、设计草图、确定方案、深入创作完成,具体工作流程如图6-28所示。

图6-28 中华优秀传统文化海报的创作流程

(1)审题、搜集资料

根据大赛要求,对题目进行深入理解分析,收集有关中华优秀传统文化的内容、内涵、特征等信息。

（2）选择创作方法

通过团队成员的充分沟通，决定选择年轻人喜欢的插画方式，美术风格选择扁平式的，这样的风格简洁、明了，视觉冲击力强。此外，为了将传承岭南建筑文化落到实处，创作组成员选择了中国的传统团扇作为宣传的载体，因为扇子在人们生活中是日常用品，通过将建筑插画与团扇相结合，即可以宣传传统建筑文化、团扇文化，又可以拓宽岭南文化的传播渠道。

（3）设计草图

根据事先选择的创作方法，围绕中华优秀传统文化海报进行草图创作。设计草图方案时要发挥头脑风暴，尽量多预备几个方案，因为不是每个草图方案都能进行深入创作。

（4）确定方案

统一团队成员意见，最终确定中华优秀传统文化海报设计方案。

（5）深入创作完成

综合运用所学工具，分工合作，深入创作完成中华优秀传统文化海报。

4. 系列海报的统一创作手法

系列海报的设计构思，不仅要考虑每幅海报之间内在的逻辑关系，还要注重外在形式上的统一手法，在注重追求主题集中明确和表达新颖独特的同时，还应把握系列海报在视觉上的统一。系列海报之所以让人们一看就是一套、一组或者一个系列，就是因为它们保有某种视觉上的统一风格。在系列海报的创作中，不仅要通过主题思想使观者获得情感共鸣，还要让一切信息元素获取完整统一的视觉感应，一方面每幅海报的表现必须服从于主题思想，另一方面形成画面中各种构成要素的统一性，如基本形象的统一、色彩基调的统一、整体版式风格的统一等。集中系列中每幅海报散发出的视觉传达力量，能够在主题的表现上发挥出更大的优势。反之，表现手法不统一会造成视觉分散、画面杂乱无序，这样会削弱系列海报的视觉冲击力和震撼力，滞化海报中信息的有效传播。接下来，将对系列海报的统一表现手法进行介绍。

（1）以统一的基本形象突出主题

图形是海报设计的重要元素，海报的创意最终是通过图形来表现的。图形是创意的外在形象，形象在信息与受众之间架起一座美丽的桥梁。在每幅海报中运用相同或相似的基本形象突出主题是系列海报设计的常用手法之一。

（2）以统一的文字标识强化信息

在海报设计中，文字也是主要的构成要素，通常以点、线、面的形式出现，在辅助、点缀、平衡画面的同时，也起到点明主题、强化信息的作用，具有一定的解释型和说明性。它往往和其他统一的表现手法相互结合，体现海报的系列化效果。

（3）以统一的色调基调加深感受

海报设计中的色彩往往占据大部分甚至整个画面，首先给观者以视觉上的直观感受，是一种先声夺人的传达要素。心理学有关研究表明，人的眼睛在观察物体时，最初20s内得到的印象80%是对色彩的感觉，而形体感觉只占20%；2min后色彩占60%，形体占40%；5min后各占一半，并且这种状态将继续保持，可见色彩给人们的第一印象是迅速而深刻的。

（4）以统一的视觉元素增进联系

画面中一致或类似的视觉元素可以形成清晰的阅读线索，以自身特殊的语言逻辑和艺术表现强化系列海报的识别特征。在设计创作中，可以将"点"、"线"和"面"等元素以统一的手法处理成特有的视觉符号，并以这些符号构成完整的视觉系统，这种视觉系统无疑会增强系列海报中各版块之间的联系。

任务实施

01 审题、搜集资料。本次创作选择中华优秀传统文化中的岭南建筑。因为岭南建筑文化源远流长，是传统岭南文化的典型代表之一。所以在搜集岭南建筑资料时，小美与小林选择了陈家祠、骑楼、碉楼、可园4种不同特征的岭南建筑，如图6-29~图6-32所示。此外，还选择搜集了4种不同形状的团扇图片资料，如图6-33所示。

图6-29 陈家祠

图6-30 骑楼

图6-31 碉楼

图6-32 可园

图 6-33　团扇

02 草图设计。由于篇幅有限，这里只绘制陈家祠效果图。首先，提取陈家祠祠堂的建筑特征，建筑色彩，并根据这些特征进行草图设计，如图 6-34 所示。

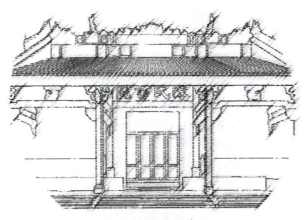

图 6-34　陈家祠草图

03 绘制图形。在 Photoshop CC 中新建一个大小 297×210 像素的文件，然后打开草图文件，根据草图的造型，选择钢笔工具，绘制线稿，效果如图 6-35 所示。

图 6-35　陈家祠线稿

04 置入团扇形状在草图中。选择圆形团扇，将其导入到画面中，按【Ctrl+T】组合键对团扇进行自由旋转、放大操作，调整团扇的位置，将陈家祠主体建筑放置在团扇中心，这样使得画面聚焦，突出主体，效果如图6-36所示。

图6-36　团扇置入草图效果图

05 绘制团扇形状。选择钢笔工具，绘制团扇的轮廓线，效果如图6-37所示。

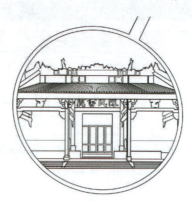

图6-37　绘制团扇形状

06 填充陈家祠建筑颜色。选择填充工具，参照陈家祠原型色彩，填充画面中陈家祠建筑色彩，房顶砖瓦颜色为#698099，房顶左侧砖雕颜色为#704334、#938c83，右侧砖雕颜色与左侧相同，就不再赘述。此外，陈家祠建筑顶部有大量的砖雕，其颜色分别为#4c5041、#e5d4d4、#e5d4d4、#656ab0、#d6caa3、#223721，陈家祠外部房梁颜色分别为#b1a48f、#555f54、#302b23，墙面颜色为#7f817d，右侧墙面颜色与左边一样。陈家祠大门颜色分别为#0e0e0b、#384241、#282a26，陈家祠牌匾颜色为#4a3f34、字体颜色为#030000，画面台阶颜色分别为#80745f、#dfceaa，画面地面颜色为#c0b8ac、#a7aa9d。最后，为了添加画面活泼效果，选择钢笔工具，在建筑物上方填充蓝色天空背景，绘制出几片云朵，天空颜色为#b3daf4、云朵的颜色为#f3f1b9，效果如图6-38所示。

图 6-38　填充建筑颜色及绘制天空背景

07 添加海报背景。背景颜色选择怀旧颜色土黄色（#d19466），效果如图 6-39 所示。

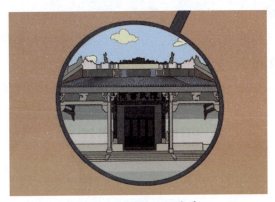

图 6-39　添加海报背景

08 绘制陈家祠缩小细节图。为了增加画面细节感，运用钢笔工具绘制陈家祠建筑的细节图，并填充黑色（#000000），效果如图 6-40 所示。

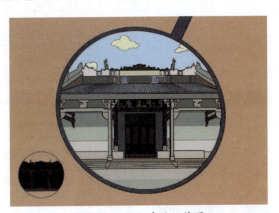

图 6-40　添加建筑细节图

09 添加文字。选择文字工具选择"书法字体"，输入"陈氏书院"，字号 24，填充黑色（#000000），完成最终效果图，效果如图 6-41 所示。

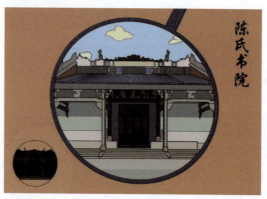

图 6-41　最终效果图

 能力拓展

《岭南建筑》系列海报还有三张，分别是可园、碉楼和骑楼，运用上述方法，完成其他三张海报效果图，效果如图 6-25~图 6-27 所示。

也可以自由创作完成一系列的弘扬中国优秀传统的文化元素的海报设计。

职业素养聚焦

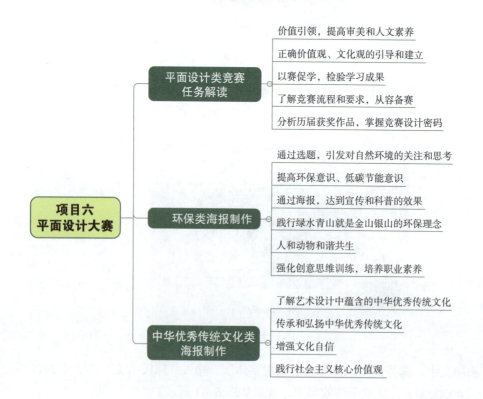

项目展示与评价

按照表 6-1 所示,对作品进行展示和评估。

表 6-1　项目评估表

职业能力	完成任项目情况	存在问题	自评	互评	教师评价
作品的主题表现					
作品的创新创意					
作品的技术运用					
作品的表现手法					
作品的整体效果					
作品说明文档撰写					
竞赛 PPT 制作					
作品展示与答辩					
团队协作能力					
自主学习能力					

注:
※ 评价结果用 A、B、C、D 四个等级表示,A 为优秀,B 为良好,C 为合格,D 为不合格
※ 作品的主题表现能力主要从作品选题是否紧扣大赛要求,主题是否突出鲜明、是否积极向上等方面评价。
※ 作品的创新创意能力主要从创意是否新颖独特,是否有强烈敏锐的感受能力,能否与受众产生情感共鸣、是否融入创新的设计理念等方面评价。
※ 作品的技术运用能力主要从设计工具是否先进,使用是否熟练,能否表达设计意图,满足设计需要等方面评价。
※ 作品的表现手法主要从作品的表现形式是否独特,能否综合运用设计中的各种表现手法,主体是否突出,画面是否有很强的视觉冲击力等方面评价。
※ 作品的整体效果主要从作品的版面设计、色彩色调的运用、文案设计、风格是否和谐统一等方面评价。
※ 作品说明文档撰写能力主要从作品设计思路、设计重难点、设计内容介绍、设计灵感、特色和亮点等方面说明文档的撰写水平评价。
※ 竞赛 PPT 制作能力主要从 PPT 是否美观,是否与主题风格一致,条理是否清晰,介绍是否全面等方面评价。
※ 作品展示与答辩能力主要从内容是否准确完整,逻辑是否清晰,重点是否突出,能否突出作品的特色和亮点;团队成员表达是否清晰,语言是否流畅,思路是否敏捷,是否有很强的表现力和感染力,着装是否得体等方面评价。
※ 团队协作能力主要从团队是否发挥了团队精神,是否能互补互助,互相学习交流,是否能达到团队最大工作效率,是否能共同进步等方面进行评价。
※ 自主学习能力主要从对新技术、新要求、新方法能否快速掌握和适应等方面评价。

项目总结

  本项目中的任务一解读了平面设计大赛的文件精神，通对历年竞赛主题的解读和历年获奖作品的分析，让读者明白各类竞赛的目的，破题和创意是获奖作品的重要因素。任务二和任务三是两大类平面设计获奖作品：环保类海报设计、中华优秀传统文化类海报设计，通过本项目的学习，让学生了解平面设计类比赛的规则和参赛的方法，通过案例的分析和讲解，让学生掌握设计比赛的方法和技能，达到以赛促教、以赛促学的目的。

  保护环境、弘扬中华优秀传统文化和中华民族传统美德永远是社会主旋律。作为一名优秀的平面设计师，要扎根于本民族悠久的文化传统和富有民族文化本色的设计思想，要有渊博的知识，强烈敏锐的社会洞察能力，创新创意的能力，对作品的美学鉴定能力，对设计构想的表达能力，要具备全面的专业技能，在不断地学习和实践中形成自己的特色和风格。